叢書 THINK OUR EARTH 地球発見 11

生きもの秘境のたび

地球上いたるところにロマンあり

高橋春成

ナカニシヤ出版

目次

生きもの秘境のたび●地球上いたるところにロマンあり

叢書・地球発見11

［企画委員］

序章　夢とロマンをのせて

●『コンチキ号漂流記』に憧れて

私は小学校のとき、『コンチキ号漂流記』（トール・ハイエルダール著）を読んでワクワクしたことを鮮明に覚えている。たしか読書感想文の宿題が出ていて、読んだ本である。読書が好きという子どもでなかった私は、読書感想文は苦手であったが、このときばかりは夢中になって読んだ。そのあとの感想文にどんなことを書いたかは記憶にないのであるが、漂流記の内容は覚えている。

この漂流記は、人類学者であるハイエルダールが、古代人が南米大陸からポリネシアに渡ったという自分の仮説を実証するために、仲間五人とバルサ材で造ったイカダで太平洋に乗り出す探

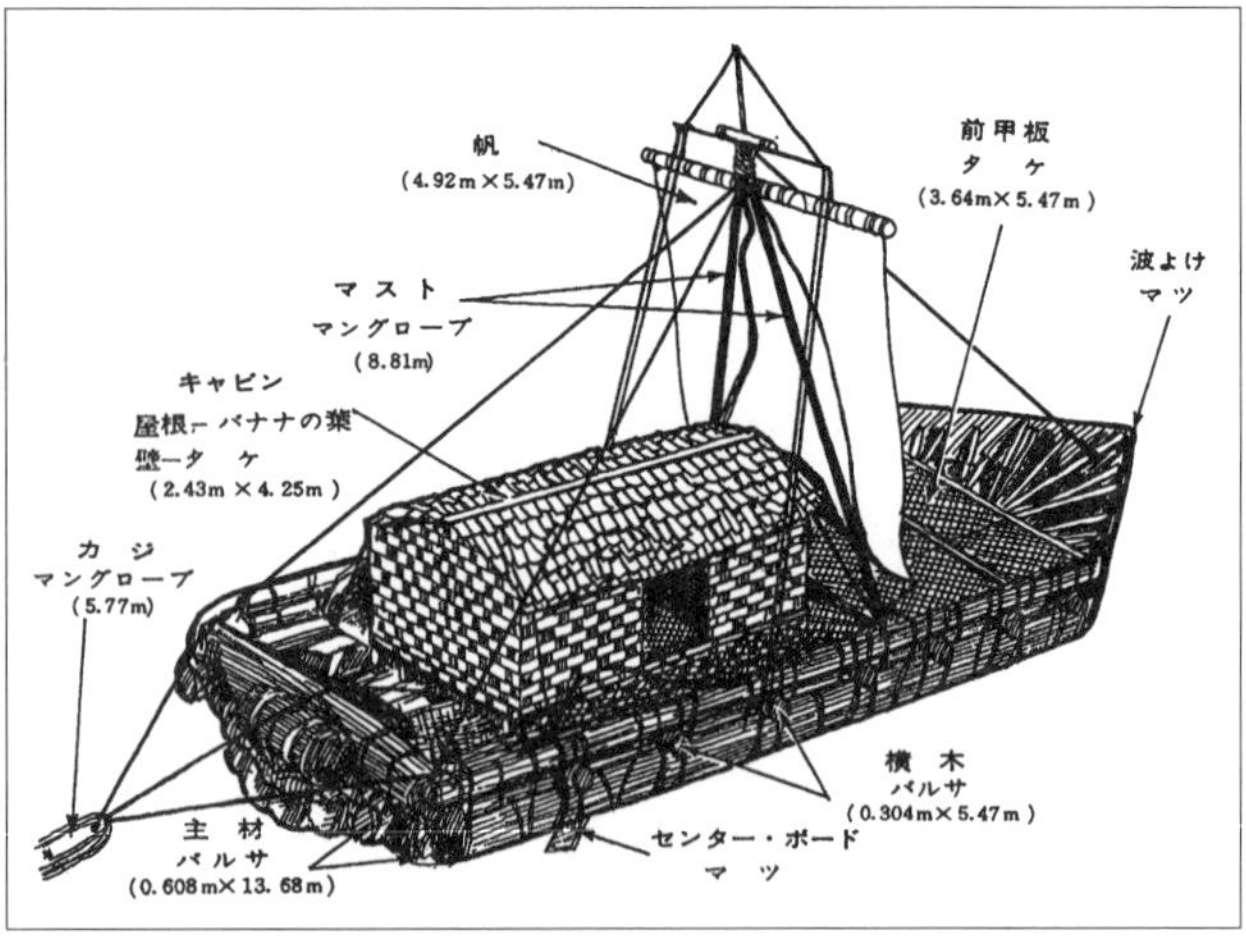

バルサで造ったイカダ（トール・ハイエルダール著・池田宣政訳，1975）

検記である。ハイエルダールは、ポリネシアにあるイースター島にある人面顔の巨石（モアイ石像）が南アメリカや中央アメリカの巨石文化とつながりがあるのではないかと考えたのである。

　ハイエルダールは、インカ人が使ったバルサという木で造ったイカダを組み立て、一九四七年四月二八日にペルーの海岸を出発した。そして、ペルーの海岸を北に向かって流れ、赤道に沿って西に向かうフンボルト海流にイカダを乗せ、いざ、波まかせ、風まかせの探検に出発したのである。

　途中、荒れ狂う大波を受け、イカダが逆立ちになり水の中に引きずり込まれたこと、大波にさらわれないように腰にロープをまきつけ死に物狂いで舵をとったこと、とてつもない巨大な魚や珍奇な魚との遭遇話などなどに手汗し、夜のうちにイカダに飛び込んだトビウオが毎朝のごちそうになったことやサメがごちそうのおこぼれを頂戴とばかりにすり寄ってくるやりとりにユーモアを感じ、私はこの漂流記を一気に読んだ。
だれもが相手にしてくれなかった南米からの古代人移住説を、反骨精神たくましく自らの手で実証しようとしたハイエルダールは私のヒーローであった。

●『アマゾン河』に唸って

中学生になって読んだ本『アマゾン河』(神田錬蔵著)もまた、私に強烈なインパクトを与えた。特につぎのくだりである。

ベランダで本を読んでいると、急に河のあたりで馬の嗚き声がしたかと思うと、水しぶきが上がってがばがばと水のなかで荒れ狂っている気配がした。見ると太い大木のような胴をしたスクリジューが馬の腹を二重三重に巻いて、締め上げている。のび上がっていた馬の脚もスクリジューの胴に巻きこまれて見えなくなったと思うとめりめりという音がした。馬はすでに絶命してぐったりとしてしまっている。馬の首筋をくわえていた蛇の口は、すばやく広がって馬の顎《あご》のほうからすっぽり呑みこみはじめた。……水蛇と日本語でいうこのスクリジューの大きさは、二〇mはあった。

大蛇アナコンダ

この本は、一九五四年から一九六一年の七年間、アマゾンの奥地で熱帯医学の研究と未開の人の医療活動にあたった著者の体験記である。今でこそアマゾンもポピュラーになったが、当時のアマゾン滞在はたいへんなことであった。ここにはそんなアマゾンの秘境が、いきいきと描かれている。

スクリジュー（水蛇）とは、アナコンダといわれるアマゾンきっての大蛇のことである。このヘビは、水辺に近づいてくる家畜や人間を襲うことがある。それにしても、馬をすっぽり呑みこむ二〇mものアナコンダなんて、実在するのであろうか？そんな疑問も、この本の醸しだすプンプンとしたアマゾンの臭いが打ち消していく。多感な中学生だった私は、唸りながらこの本を幾度も読み、アマゾンに思いを馳せていた。

●まぼろしと消えたアマゾン川くだり

こんな探検好きの少年だった私は、大学に入ってからは探検部に籍をおき、日本各地の秘境を訪ねた。そんな探検部時代、私は仲間三人と「アマゾン川くだり」を計画した。アマゾン川を悠々とくだり、行く先々で現地の人びとの暮らしやめずらしい生きものを見たいと思ったのである。一九七九年のことである。

海のようなアマゾン川をイカダで悠々とくだりながら、アマゾンの秘境を訪ねたいと思ったこの計画は、少年時代に読んだ『コンチキ号漂流記』と『アマゾン河』に明らかに影響されたものであった。

私は広島大学に入学し、ここで地理学を専攻した。特に生きものに関心があったので、私は生物地理を学んだ。そしてクラブ活動は探検部である。こんな経歴の私にとって、地理と探検は切っても切れないものであった。私にとって、地理とは探検であり探検とは地理であった。そして、そこには夢とロマンを追う自分がいた。

川くだりの特訓をしていた頃の私

アマゾンでも、アマゾンの自然と人びとの暮らしに関心があった。そして、川の中や水辺あるいは熱帯雨林の中に棲むいろんな生きもの、ナマズ、ピラルク、ピラニア、ワニ、カメ、カピバラ、ペッカリー、バク、サル、ジャガー、オセロット、水鳥などと流域の人びとの関わり、

アマゾン川くだりのために特注したボートと私

つまり、それらが食肉や毛皮などの入手源であること、一方でそれらによる農作物や人身への危害もあることなどを調べてみたいと強く思った。

アマゾン川くだりにはロマンがある。こんなロマンを追い求めた人たちが、それまでにもいた。一九六五年には、同志社大学の探検隊がアマゾン上流部のウカヤリ川をゴムボートでくだった。また一九六八年には、冒険家植村直己《うえむらなおみ》がイカダでアマゾン本流をくだった。しかし、アマゾン川を最上流部から河口までくだりきった記録はなかった。そんなか、私たちは最上流部から河口までの川くだりを企てたのである。

川くだりを計画した四人のメンバーは、この川くだりに備えて四国の吉野川で何回も合宿を重ねた。メンバーは、この計画のために一年間休学し、半年を資金稼ぎのアルバイトにあてた。そして、この川くだりのために、当時の金額で九〇万円を出して特注のゴムボートを買った。このゴムボートは、側面と底が三重張りで、気室もいくつかに分かれており、それなりの損傷に耐えられるようになっていた。さらに、ポールを組み立てると、ボートの上にテントが張れた。

ゴムボートを買ったのは、イカダで行けないようなところをゴムボートで対応しようとしたからである。そのようなところはアマゾン上流の激流部と予想されたため、四人は四国にある吉野川の最激流部で訓練を積んだ。

●吉野川上流の激流くだり

激流部での川くだりは、想像をうわまわる凄さであった。重さ一〇〇kgを超す特注ゴムボートであったが、激流部に突っ込むと、私たちは木の葉のように翻弄された。激流にオールを突っ込みボートの向きを変えようとすると、オールはいとも簡単に折れてしまった。

このような経験を積みながら、私たちは想定される困難への準備をしていった。オールは材木屋で太い木の棒を調達し、耐えられるものを作った。また、激流での四人のオールさばきの練習を重ね、またボートから投げ出されないように短いロープをそれぞれがボートに結びつけ、さながらロデオのカウボーイのような訓練もした。

当時のメモをみながら、大歩危《おおぼけ》・小歩危《こぼけ》付近での特訓のようすを紹介しよう。ここは難所が連続する最危険地帯だ。まず鮎戸瀬《あゆとのせ》という激流部が、進行方向を少し左側にカーブしながら出てくる。ここは川の中に巨大な岩が突き出ていて、落差がとても大きい。その巨大な岩の間を、激流がゴウ！ゴウ！という地鳴りのような音をたてて流れている。

吉野川の激流部で下見をする私たち

私たちは下見のためいったん陸にあがったが、この瀬の迫力に言葉を失ってしまった。しばし、ゴウ！ゴウ！という瀬を見つめるばかりであった。しばらくして、それでも気をとりなおし、鮎戸瀬の攻略法を考えた。どこから入っていったらよいのか、コースどりが肝心だ。川中の岩の配置や両岸の岩の状態をみ、さらに落差やカーブによるボートの振れを想定し、コースどりを考えた。それによって成否が、さらには生死が決まってくる。

ボートには前方と後方の両側に四人が乗る。四人がバランスをとりながら、オールで操作をする。検討の結果、巨大な岩がある中央部を避け、右側から入っていくことにした。

しかし、予想以上に落差が大きく、まるで滝ツボの中に突っ込んだようで、激しい水しぶきに視界が

まったくきかない。ただならぬ落差と視界ゼロで、ボートは操作不能だ！　そのまま右に大きく振られ、岸壁にドーンッ！と激突した。そのショックで四人はボートの中でクシャクシャだ！

しばし激流に翻弄され、手も足もでない。がむしゃらにオールを激流に突っ込んでいると、ボキッ！とオールが折れた。そのまま折れたオールは川に投げ込み、予備のオールを掴む。そんなことをしているうちに、おそらくそんなに時間はたっていないと思うが、視界がきいてきた。私たちは、必死にボートの先を川の流れの方向に向けた。激流部では、とにかくボートの先を流れの方向に向けることが肝心だ。横向きになると転覆する。

こんなふうにして、ようよう鮎戸瀬をぬける。ずいぶんと長い時間に感じたが、おそらく短い時間のことであったろう。しかし不思議なことに、激流に激しくもまれたことは思い出せても、時間の記憶がとんでいる。それだけ夢中だったのだろう。

鮎戸瀬をぬけると間もなく、つぎの難所がやってくる。ここは川の中にいくつもの岩が突き出ていて、空いたコースがほとんどない。しかも落差がすごく、下側の岩に激突してボートが転覆する可能性が高いところばかりだ。わずかに空いたコースはあるが、そこは、前方の岩に激突しないようにすりぬける必要がある。

このようなみたてをしつつ、いざ激流部に突入だ。しかしながら、みたてはよかったものの、またもや手も足もでない。今回もまた、いいように翻弄された。それでも、何とかこの難所を乗り切った。このあたりは激流部の瀬がつぎつぎとやってくる。

ホッとしている間もなく、また、つぎの難所だ。ここは、大きく左に曲がる難所だ。川の中には巨大な岩が二つある。どうみても、この岩の間をいくしかない。エイッ！とばかりに突っ込んだ。

ところが、曲り角で外側の巨岩に激しくぶつかり、ボートが横向きになってしまった。そして、ゴウ！ゴウ！という激流の中を、横向きのままで落ちていった。転覆する！と、だれもが思った。落差が大きく、ボートの中は水であふれ、ボートは大きく傾いた！

最大の危機だった。四人は真っ白な水しぶきの中で転覆を覚悟した。思い返すに、この時、それぞれが何かをしようとあがいていたのだろうが、まるでスローモーションのような人影しか目に浮かんでこない。私たちは、三途の川を渡っていたのかもしれない……。
　フッと正気になると、ボートは難所をぬけていた。三途の川ではなく、そこには吉野川があった。

アマゾン6千300キロボート下り
源流から河口まで
広島大探検部　今秋挑戦、6ヵ月かけ

氷河に覆われた源流から複雑に入り組んだジャングルを縫い、大西洋に注ぐ河口まで約六千三百キロ。地球上でナイル川に次いで長く、世界の秘境といわれるアマゾン川をゴムボートで六カ月かけて下るというでっかい計画に、広島大学探検部（広島市東千田町）の四人の若者が今秋挑戦する。オールだけを頼りに過酷な自然に体当たりする若者たちは、アルバイトで資金をかせぎながら、アマゾンをいかだで上り下りした古代インディオと知恵比べする日に備えている。冒険家たちは「成功すれば歴史的な快挙」と注目している。

この冒険野郎たちは、広島大探検部の文学部地理学専攻博士課程三年高橋春成さん(29)▽理学部二年夏原厚さん(20)▽経済学部三年横山勇人さん(20)▽工学部二年溝口修二さん(19)の四人。

計画によると、アマゾンの最源流になるペルーのシリウイリ山（標高五、五六一メートル）のふもとからウカヤリ川―アマゾン本流をゴムボートや手作りのいかだで下る。一行は十月中ごろ広島から現地入りして態勢を整え、十一月初めアマゾンの旅に出る。途中、沿岸でキャンプをしながら来年三月までに河口を目指す。

高橋さんらはすでにインドや西表島で熱帯性の気候に慣れたり、原生林を歩いて訓練に励む一方、現地住民との会話に必要なスペイン語やポルトガル語を勉強中。去年暮れから電車の車掌や食品会社の訪問販売などのアルバイトをして資金をつくっている。

約千本の支流を持ち、ナゾに包まれたアマゾン川には多くの冒険家たちが挑んできた。同志社大探検部が一九六五年に支流の一つウルバンバ川をゴムボートで、七一年には一橋大探検部がマドレデ・ディオス川をゴムボートで下った。さらに冒険家の植村直己氏は六八年に中流から河口まで三千七百キロをいかだで成功している。

広大探検隊リーダー格の高橋さんは「だれも挑んでいない最源流から河口までの川下りをやってみようと半年がかりで計画を練ってきた。コースの地形、自然条件を調べるにつれて、分からないことが多く驚いているが、文明が全く入り込まなかった時代に、川を上り下りした古代インディオに負けないよう体力と気力、知力を振り絞って挑戦したい」と話している。

冒険家・植村直己さんの話　世界で最も厳しく広大な自然を乗り切ることに挑戦するだけでも意義はある。これまでに挑戦した人がいるかどうかは知らないが、成功すれば画期的といえるだろう。

アマゾン下りの計画を練る広島大探検部のメンバーら（広島市宇品御幸三丁目、夏原さん方で）

アマゾン川くだりの記事（朝日新聞1979年７月18日）

川くだりの危険は生半可なものではなかった。吉野川の激流くだりでは、これまでに犠牲者が出ていたし、私たちが合宿をしていた頃にも痛ましい事故があった。私たち広島大学と同じ広島の地にある広島修道大学の探検部員が、吉野川の川くだり中に遭難した。悲しまれる家族と沈痛な葬儀は、私たちにも辛いものであった。
　ところで私たちのアマゾン川くだりは、ひょんなことから朝日新聞で大きく取りあげられた。記事には、「成功すれば画期的」という冒険家の植村直己のコメントもあり、世間を騒がすことになった。

大々的な記事をみた大学当局が、探検部に説明を求めてきた。私たち探検部には顧問の先生がいなかった。何度かこれと思う先生に顧問を依頼したが、受けてもらえなかった経緯がある。大学当局から、顧問の先生がいない部の計画は心配だと言われた。また、海外遠征の実績がないことも指摘された。この計画は私が一番年上で中心であったので、勢い私に圧力がかかってきた。この計画は教授会でも話題になったという。新聞での取りあげられかたがセンセーショナルであっただけに、どうにもおさまりがつかなくなってしまった。結局、この計画は断念せざるをえなくなってしまった。

しかしながら、アマゾン川くだりはこのような結果になったが、コンチキ号漂流記から始まった私の夢とロマンをのせたボートは、その後も私をいろんなところに連れていってくれている。

I

生きもの秘境のたび——世界編——

1　ドラゴンが棲む島
――コモド島――

●バリ島の東にあるロマン

インドネシアといえばバリ！と、多くの旅行者は答えるだろう。インドネシア観光のメッカとして、今やバリ島はゆるぎない人気を得ている。そのような中で、そのバリ島の東にロマンあり！と言っても、聞く耳をもたない人も多いのではなかろうか。

ここに紹介するのは、そんなバリの東のロマンである。今から一〇年ほど前、私はバリ島に到着した。しかし、私の目的地はバリではなく、そのずっと東にあるコモド島という小さな島であった。この島には、コモドドラゴンと呼ばれる世界最大のトカゲが棲んでいるのだ。

最大級で全長三m、体重一五〇kgに達する肉食トカゲで、ときには人間すらも犠牲になる。そ

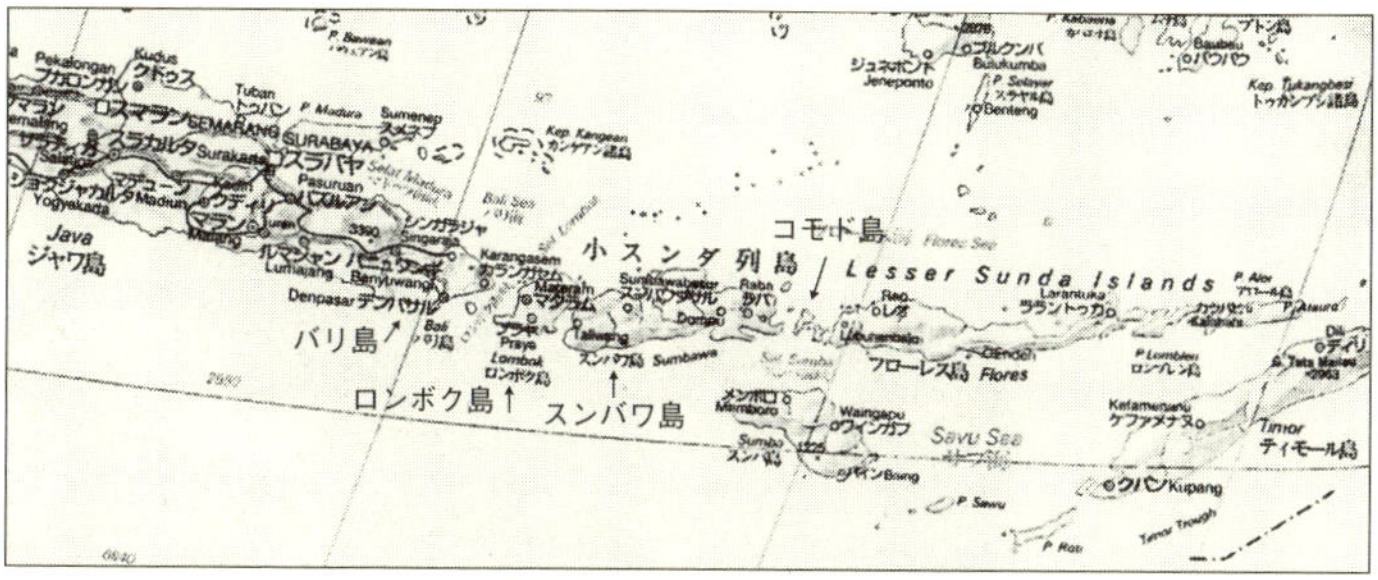

コモド島周辺

んなドラゴンを見たいと願う私にとって、バリ島は飛行機の乗り換え地にすぎず、すぐさま隣りのロンボク島行きの飛行機に乗り込んだ。

ロンボク島は火山島で、とても壮大な島だ。高くそびえるリンジャニ山は標高三七二六m。そこにはクレーターと水をたたえた湖がある。すばらしい景観のロンボクまで、バリから飛行機でわずか二〇分。フェリーでも四時間だ。

バリ島とロンボク島の間をへだてる海峡は、ロンボク海峡といわれる。ここは、生物地理区の境界線であるウォレス線があるところとして有名だ。博物学者A・R・ウォレスの名前にちなんだこの境界線の西側は、ゾウ、サイ、トラ、イノシシ類、シカ類などがいる東洋区とされ、東側は、カモノハシ、ハリモグラ、コアラ、カンガルーなどがいるオーストラリア区とされる。

私は、このロンボク島から、まず東隣りのスンバワ島にフェリーで渡った。目指すコモド島は、この島のさらに東にある。バリ島、ロンボク島、スンバワ島、コモド島というふうに、このあたりの島は東西に連なっている。小スンダ列島と呼ばれる島々だ。

スンバワ島の田園風景

●ボロ車でスンバワ島を横断

バリ、ロンボク、スンバワ、コモドと並んだ島々で、一番人気がないのはスンバワ島だろう。バリはさておき、ロンボクもコモドも通《つう》の間では知られた島だ。それにひきかえ、スンバワだけは正真正銘の無名の島だ。

私は、こんな島が大好きだ。だれもが興味を示さないと思うと、いっそう興味がわく。根っからの天の邪鬼なのだ。私は、のんびりとこの島を横断してみようと思い、オンボロの車を借りた。この車で、慣れないスンバワの島を三日かけて走った。

この島では米、イモ類、トウモロコシなどが栽培されていた。耕作地には柵があり、見張り用の小屋があった。この小屋で、昼は鳥、夜はイノシシを追い払うという。家畜では、ウマ、ウシ、ヤギ、ニワトリなどがみられるが、なんといってもスイギュウが主役だ。スイギュウは、水田の耕作用の家畜として重要な役割をになっている。

この島では、豊作を願ってブル・レース（スイギュウ・レース）が行なわれる。私が訪れたときはちょうどこのレースの時期で、着飾ったスイギュウが多数集まっていた。このスイギュウ・

レースは、スイギュウの大きさで三つのクラスに分けられ、それぞれの勝者に賞品が与えられる。道ばたで、ときおり、バナナやイモ類などを売っている人たちに出会う。バナナやイモ類を賑やかに並べている店などは、とても印象的だった。吊りさげられたバナナは、まだ緑色をした青いものから、黄色のもの、そして茶色っぽくなった熟したものまでいろいろで、バナナの勢ぞろ

スイギュウ・レースに出場するスイギュウたち

賑やかな店先

スンバワ島のサル

い！にしばし見とれてしまった。
　スンバワ島にはシカ、イノシシ、サルなどの野生動物がいる。しかし、これらに出会うことは短期間の車旅行では難しい。そんなことを思って車を走らせていたスンバワ最後の日、私は幸運にもガードレールの上にいるサルを見つけた。急いで車をとめ、すばやくシャッターを切った。ここにある写真は、もたもたしているうちに逃げてしまうと思い、かなりアセッて撮ったものだ。
　スンバワ島の東海岸にある船着場に近づくにしたがって、海辺がひろがってきた。そこには、ブギシと呼ばれる漁民の海の家が並んでいた。このような簡易的な家を魚の多いところに設け、ある期間滞在して漁をするのだ。彼らはこのようにして魚を捕り、その魚を市場で売って米などを買う。

●いざ、コモド島へ

船着場で、コモド島に送ってくれる船をさがしていたら、近くで漁をするという漁船がみつかった。さっそく、この船に乗せてもらうことにした。出発したのは夜だった。みんなと一緒に食事をして、私は仮眠するため船乗り用のベッドに横になった。木で作った粗末なものだが、ゆれる船の中で妙に安定感があった。

夜中に目をさまし、船内をウロウロしていて気づいたのだが、真っ暗な海を、船首でジッと見ている者がいる。目で、船の行く先の安全を確認しているのだ。どこを見ても私には真暗闇の海しか見えないのだが、彼には見えるらしい。その真剣なまなざしに、海に生きる男の厳しさと頼もしさを感じたものである。

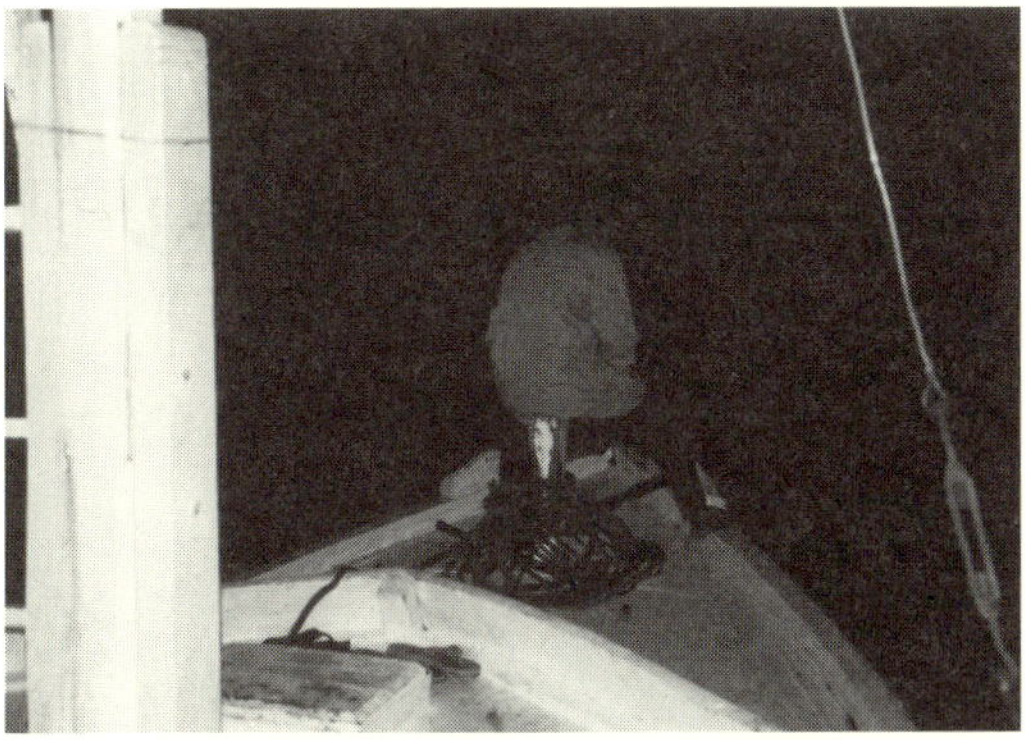

真っ暗な中、船首で安全を確認する船乗り

夜があけ、空が明るくなってきた。向こうに島影が見えてきた。なのに、船はいっこうに進んでいる感じがしない。エンジンのあえぐような音だけが何時間もしている。どうしたのだろう？と思って聞いてみると、このあたりはとても潮の流れがきついのだそうだ。海を見ると、波が逆立っている。小さな漁船はギシギシと音を出しながら、エンジンを全開にしたままだ。

それでも、少しずつ前進していたのであろう。ようやくそこからぬけ出た。ホッとして、私も体の力がぬけた。船の音はかろやかになり、目指すコモド島が近づいてきた。島のいっかくに、村が見えてきた。

バリ島から東に五〇〇kmに位置し、三四〇〇km²の面積のコモド島は、日本の沖縄にある西表島より少し大きい島である。この島にある村はここだけだという。約六〇〇人の漁民がいる村の中央に、イスラムのモスクが見える。島民の宗教はイスラム教なのだ。彼らは島の入江に小さな漁村

潮の流れがきつい海

コモド島の漁村

をつくり、主にイカ漁をして生活している。

この島に、ドラゴンが棲んでいる。一九八九年のセンサスによれば、ここには一七〇〇頭のコモドドラゴンがいるとされる。島の人口の三倍近いドラゴンが生息するコモド島では、島の中をドラゴンが闊歩《かっぽ》し、人びとは島の片隅に身を寄せあっている。ここでは島民の生活の場はドラゴンのいる内陸ではなく、眼前にひろがる海なのだ。

砂浜に群れるルサジカ

●コモド島に上陸

上陸する私を迎えてくれたのは、コモド島に棲む野生のシカだった。ルサジカというシカで、体重が四〇〜一二〇kgほどになる。実はこのシカ、コモドドラゴンの主要な獲物なのだ。コモドドラゴンは、強力な尾でシカを倒し、その肉塊を飲みこむ。大きな肉塊は、上の顎と下の顎の継ぎ目をはずして飲みこむというドン欲さだ。さらに、彼らの唾液や胃液は強力で、獲物の角、骨、毛なども消化してしまう。

コモドドラゴンはシカのほかに、野生化したスイギュウやウマ、イノシシなどを倒し、それらを食べる。そして、ときに人間も犠牲になる。こんな話がある。ある日、大人たちがモスクに祈りに行っていたとき、高床式の家の階段の下に潜んでいたドラゴンに少年が食いつかれた。悲鳴を聞いて駆けつけた大人たちが、少年の体とドラゴンの尾を引っぱって助けようとしたが、ドラゴンは下腹に食いついて離そうとしなかった。ついに、少年は息絶えてしまった。

世界最大のトカゲであるコモドドラゴンは、インドネシアのコモド島、リンチャ島、パダー島、フロレス島西部に生息し、最大級のものは全長三m、体重一五〇kgにもなる。このトカゲは、一九一一年にオランダの軍隊によって発見された。地方では知られていても、世界にその存在が知られたのは比較的新しい。

コモドドラゴンは、モニターと呼ばれるトカゲ類の仲間である。「モニター」という呼び名は、これらのトカゲ類が「ワニがいることを警告してくれる」と信じられてきたため付けられた。しかしコモドドラゴンの場合は、危険を知らせてくれるどころか、彼ら自体がワニと変わらない危険な生きものである。

モニターの仲間には、ほかにも巨大なものがいる。フィリピンに生息するものは二mに達するし、tree crocodile（木に棲むワニ）と言われるニューギニアのモニターはそれ以上に大きい。こんな大物ぞろいの中でも、コモドドラゴンのサイズは特大だ。

●ドラゴン探し

　そんなコモドドラゴンを早く見たい！　私ははやる気持ちをおさえて、まずコモド国立公園の管理事務所でドラゴン探しの手続きをした。管理事務所の前にはルサジカの頭骨や角がうず高く積まれていて、いやがおうにも雰囲気は高まる。

　コモド島の中を歩くときは、必ずガイドをつけなければならない。一人歩きはとても危険だ。コモド島を訪れる外国人は、年間一万人ほどである。国別にみるとドイツ、アメリカ、オーストラリアの順になり、日本人はごくわずかだ。

管理事務所前にあるルサジカの角

　私はガイドのレンジャーと一緒にブッシュの中を歩いた。ものの三〇分も歩かないうちに、突然一〇mほど先に、ヌーッ！とドラゴンが現れた。デカイ！思わず足がすくみ、体がカタマッタ。このドラゴンは私たちに気づき、ジロッ！とこちらを向いた。

　今このドラゴンに襲われたら、まず逃げ切れまい…。私たちが恐怖でひきつりながら全力で走るよりも、この肉食トカゲのほうが速いにきまって

現れたコモドドラゴン！

いる。

チラッと、横にいるレンジャーを見た。彼がもっている武器といえば、サスマタ状の木の棒一本だけだ。ドラゴンがその気になれば、とても太刀打ちできまい。それに、実際にドラゴンが襲ってきたら、このレンジャーは走って逃げはしまいか…。レンジャーには失礼な妄想にとりつかれながら、スリル満点のドラゴン観察が続いた。

そのとき、スルッ!とドラゴンが動いた。緊張が走る！　だが、幸いなことに、このドラゴンは私たちのほうではなく、向こう側のブッシュの中に姿を消してくれた。ドラゴンが現われてからものの数分の出来事であったと思う。しかし、私にはとても長い時間の出来事に感じられた。

ブッシュには、スイギュウやウマ、イノシシなどの足跡があった。スイギュウやウマは、ここで野生化しているのだ。コモドドラゴンはこの野生化したスイギュウやウマ、そしてイノシシすらも餌食にしているというから驚きだ。スイギュウやイノシシなどを食べるトカゲがいるとは、世界もひろいものである。

こんなドラゴンも、生後一年ほどは樹上生活を送り、昆虫、齧歯類《げっしるい》、鳥類などを捕まえて食べるという。生後一年ほどすると、一mほどの大きさになり、樹上で体重をささえることが困難に

スルッ！とドラゴンが動いた

地上に降りたコモドドラゴン

高床式の床下にドラゴンが這った跡がついている

なってくるので、このような時期になると地上に降り、地上生活を始める。

地上に降りたドラゴンは、大型の哺乳類を餌にし、ときには人間すらも襲って食べるのだ。彼らは、味や臭いを感じる二股に分かれたヘビのような舌をもっている。血の臭いには敏感で、生理中の女性などは犠牲になりやすい。

コモド島の国立公園事務所の近くには、訪問者が宿泊できる小屋がいくつかあるが、建物はすべて高床式になっている。ドラゴンが家の中に容易に入ってこられないようにしてあるのだ。コモド島では、油断をしていると私たちが食べられる立場にあることを実感できる。ここの食物連鎖のトップはドラゴンなのである。こんなヒリヒリとしたプリミティブな体験ができるコモド島は、ロマンあふれる島だ。

2 巨大なカメと小さな恐竜の島――ガラパゴス諸島――

●海賊の隠れ家だったガラパゴス

ときはインカ帝国滅亡のころ。征服者フランシスコ・ピサロによって滅ぼされたインカ帝国からスペインに財宝を運び出す船を狙う海賊船が出没していた。一七世紀頃の南米の話である。

この海賊たちは、スペイン船を襲い、蛮行の限りをつくしてはガラパゴス諸島に逃げ込んでいた。彼らにとって、ここは格好の隠れ家だった。それは、ガラパゴスが南米大陸からはるか一〇〇〇km もかなたの絶海の孤島だったということもあるのだが、それにもまして、この地の自然が人間を寄せつけないとても厳しいものであったからだ。

ガラパゴスの大地は、ホットスポットから噴き出た溶岩によってできている。この溶岩は玄武

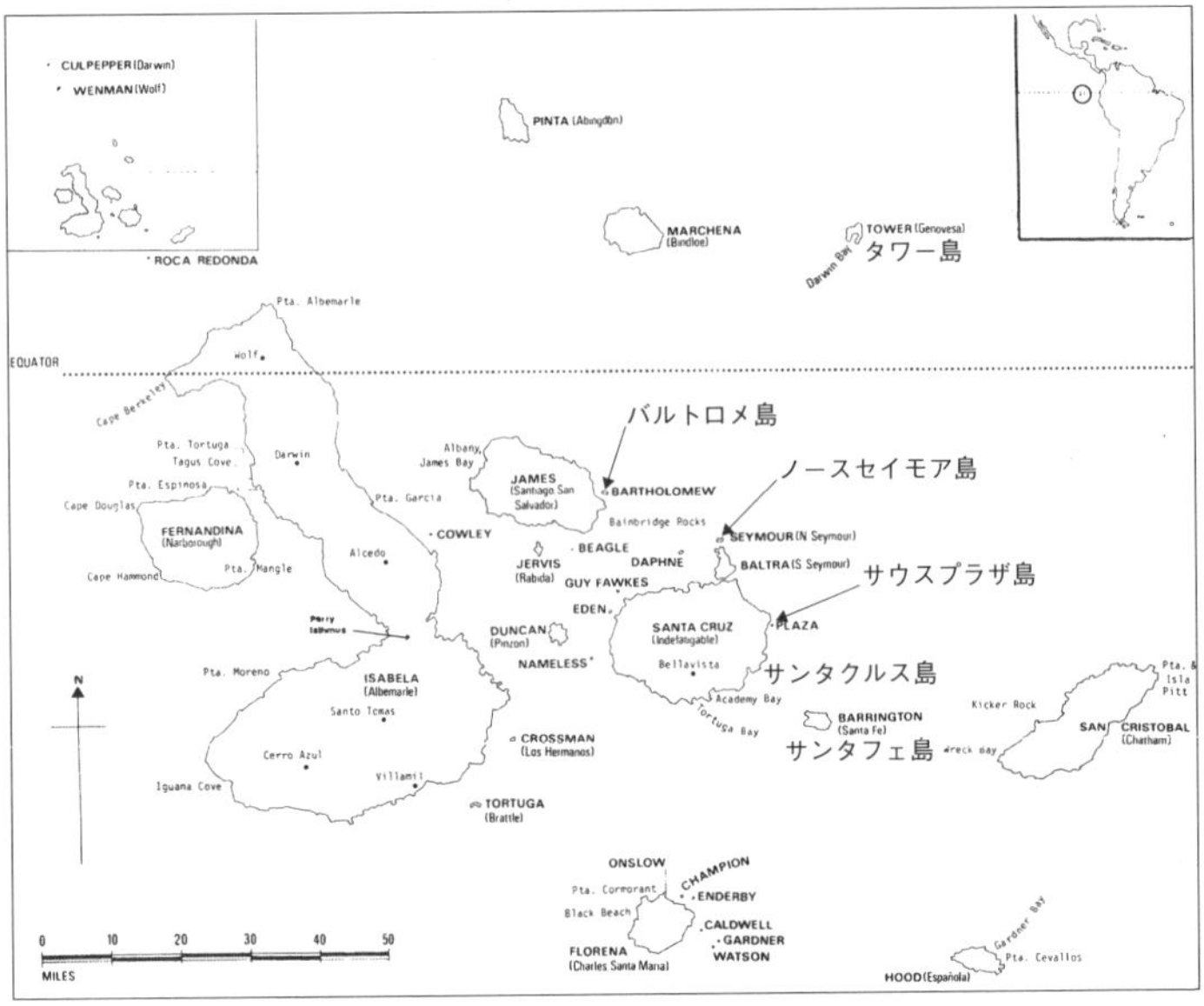

ガラパゴス諸島

ガラパゴスの大地

岩質で、各所に裾野のひろい楯状型の火山地形がひろがる。ガラパゴスを歩くとわかるが、ゴツゴツとした岩肌の大地はとても歩きにくい。ここはまさに、荒野なのだ。

それに、ガラパゴスはとても乾燥している。赤道直下にあるガラパゴスが乾燥するのはこのように説明される。ガラパゴスの周辺は、寒流であるフンボルト海流が流れているため、大気が暖められず蒸発する水蒸気が少ない。そのため雲が少なく、雨が降らない。沿岸部の雨の少ないところは、年間の降水量が一〇〇㎜に満たない。まさに砂漠だ。

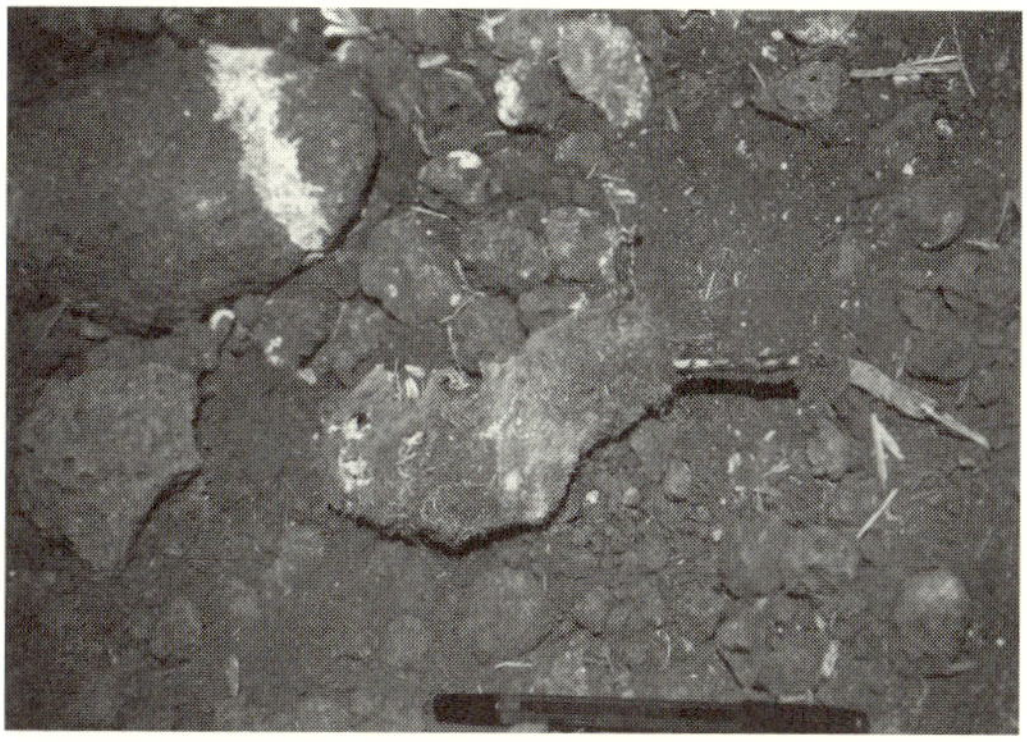

ミイラ化したネズミ

溶岩でゴツゴツしているうえに極度に乾燥しているガラパゴスに、ときとして人が漂着することがあっても、多くはここで息絶えミイラとなってきた。

このようなところには、さすがに海賊の追っ手も来なかった。そのため、ここは海賊の隠れ家となったのである。島には水場がいくつかある。海賊たちは、このような場所を知っていた。また、島にはゾウガメやイグアナがいて、これらが食料にもなった。

海賊たちは、さらに積極的に食料を確保するためにヤギを島に放った。こんななか、海賊退治にやっきとなっていた当時のペルー総督は、海賊の食料となるヤギを取り除こうとして獰猛《どうもう》なイヌを島に放ったことがあった。食料を絶て！とばかりの兵糧攻めだ。

ところが、イヌはヤギを追うより簡単に捕まえられるゾウガメの卵や子、イグアナなどを襲った。そして、食料たっぷりの地でイヌも野生化し、ゾウガメやイグアナはさらに減少していった。

ガラパゴス周辺はその後、一八～一九世紀にかけて捕鯨船が活動する場となったが、この捕鯨船の乗組員もまたゾウガメやイグアナ、海賊時代の野生化したヤギを求め島に上陸した。特にゾウガメは、食べ物や水がなくても長期間にわたって生きるため、好んで捕獲され船に乗せられた。ゾウガメは、二〇〇kgにもなる巨大な体をしており肉も多い。冷凍技術が未発達であった当時、航海中の新鮮な肉を確保していくうえで、ゾウガメは重宝な生きものだったのだ。

●サボテンとゾウガメとイグアナ

数百万年前から、噴火した溶岩でできあがってきたガラパゴスの島々。最初は、まさに死の世界であった。しかし、ここに南米大陸から植物や動物のパイオニアがやってきた。そして、それらの生きものは、隔絶された環境の中で独自の進化をとげていった。ガラパゴスにおける進化の物語りの始まりである。

ガラパゴスの乾燥した大地には、サボテンが適応した。ウチワサボテン、ハシラサボテン、ヨウガンサボテンである。ふつう、赤道直下の植生といえば、私たちには熱帯雨林が相場だが、乾燥するガラパゴスにはサボテンが見られる。溶岩に根をおろすヨウガンサボテンなどは、まさにガラパゴスを象徴する植物だろう。

ヨウガンサボテン

ダーウィン研究所で飼育されるゾウガメ

このサボテンの実や芽生えを食べているのが、ガラパゴスを代表する生きもの、ゾウガメやリクイグアナである。ゾウガメの棲む島では、サボテンとカメの興味深い共生関係もみられる。サボテンはゾウガメの食べ物になりながらも、その種子が糞と一緒に周辺に蒔かれることによって生活領域をひろげてきた。

リクイグアナ

ウチワサボテンとリクイグアナ

ウミイグアナ

前頁写真下は、サウスプラザ島のウチワサボテンとリクイグアナである。「これは吾輩のものである」と言わんばかりに、ウチワサボテンをイグアナが独り占めにしている。こちらはサボテンに食欲をそそられることはないのであるが、近づくと、キッと睨まれた。小さな恐竜のようなイグアナに、親しみを感じた瞬間であった。

ガラパゴスには、もうひとつ、ウミイグアナといわれるイグアナがいる。これは海岸にいて、海に潜って海草を食べる。私がガラパゴスで最初に出会ったイグアナは、このウミイグアナだった。

パンガといわれる上陸用の艀《はしけ》でバルトロメ島に着いたときである。鮮やかな赤色のカニと一緒に、岩陰に頭を隠したウミイグアナがいた。よく見ると、もう一匹小さなカニがイグアナの背中に乗っているではないか。ベニイワガニだ。このカニは、数回の脱皮を重ね、大きくなると鮮やかな赤色になる。小さい間は黒っぽい色をしているのであるが、それは、まわりの黒っぽい溶岩の中で外敵から身を守る保護色となっているのだ。

ところで、ウミイグアナが岩陰に頭を隠しているのはワケがある。ウミイグアナは、寒流が流れている海に潜って海草をとるのであるが、餌を探して潜っていると体温が下がる。爬虫類であるイグアナは変温動物なのだ。そのため、海からあがったイグアナは、太陽に焼かれた溶岩の上で体を温める。しかし、いつまでも五〇℃にもなる溶岩の上にいるわけにはいかない。ウミイグアナの適度な体温は三七℃くらいといわれるから、岩陰に隠れ

ウミイグアナとベニイワガニ（左と中央に二匹いる）

海に帰るウミガメ

たりして調整しているのである。

バルトロメ島では、ウミガメにも出会った。ウミガメとの出会いは突然だった。ビーチからひきあげようとしたとき、突然、黒いものが背後の茂みからノッシ、ノッシと出てきた。ウミガメではないか！とおもわず近づくと、ウミガメもこちらに気づいたようで、あわてて茂みに引き返そうとした。カメは目をこちらに向け、あきらかに警戒している。刺激してはいけない…とジッと見守っていると、ふたたび海のほうに向きなおし、海へと帰っていった。卵を産みにきたのだろう。

アシカのハーレム

●サンタフェ島のアシカ

ここはかつて、野生化したヤギが繁殖し植生が破壊されたため、リクイグアナに深刻な影響が出たところである。しかし、今ではヤギは根絶されてしまった。上陸すると、アシカの巨大なハーレムがあった。なんてたくさんいるのだろう。有力なオスが、数十頭のメスや子どもを囲っている。有力なオスが絶大な勢力をたもてる期間は短く、若いオスがスキあらばと狙っている。ハーレムの維持もたいへんだ。

ここのアシカは、カリフォルニア湾あたりの暖かい海からやってきた。そのアシカたちが、海岸で寄りそって日向ぼっこをしているのである。

そんなのんびりとした光景をぼんやりと見ていたら、突然、アシカの子が悲鳴をあげて母親の

アシカの子（上）とガラパゴスノスリ（下）

もとに走った！　いったい何が起こったのだろう？　不思議に思って周辺を見ると、アッ、ガラパゴスノスリだ！　ガラパゴスノスリがアシカの子を狙っているのだ。

ガラパゴスノスリとは、ガラパゴスきっての猛禽《もうきん》類のことである。ガラパゴスの食物連鎖のトップに立つ生きものである。体はそんなに大きくはないが、さすがに精悍《せいかん》な顔をしている。

獲物を押さえるコミミズク

●サウスプラザ島のコミミズク

コミミズクもまたガラパゴスを代表する猛禽類だ。この鳥には、サウスプラザ島で出会った。決められた見学コースであるトレイルを歩いていたら、何やら足元に黒っぽい鳥がいてビックリした。それがコミミズクだった。まわりの景色を見ていたので、足元にいるこの鳥に気がつかなかったのだ。

そのとき、私は必要以上にこの鳥に近づいてしまっていたのだが、この鳥は逃げるわけでもなく、こちらをキッ！と睨《にら》んでいた。よく見ると、このコミミズクは右足で獲物を押さえているではないか。小鳥を捕まえたのだ。餌食になった鳥の毛が、あたりに散乱している。

行儀よく岩場にとまるアカメカモメ

私との距離は二mくらいであっただろうか。まったく逃げるようすもなく、こちらを睨んでいるコミミズクにはおそれいった。サンタフェ島で見たノスリより小さかったが、その面《つら》がまえや気迫はさすがに猛禽類だった。

この島には、たくさんの海鳥がいる岸壁がある。垂直にするどく切りたった崖をのぞきこむと、無数の海鳥たちが飛んだり崖にとまったりしている。空にもたくさんの鳥が舞っていて、ここはまさに海鳥のエリアだ。

ゆったりと飛んでいる鳥たち、あわただしく岩場を行ったり来たりしている鳥たち。そんな中でもひときわ目につく綺麗《きれい》な鳥がいた。赤い嘴《くちばし》をもった白い鳥、アカハシネッタイチョウだ。この鳥は足が短く岩場にとまることができないため、岩場にある巣に飛び込むようにして入る。姿は優雅なのだが、勇ましい鳥だ。

目もくらむ岸壁を夢中になってのぞきこんでいると、アカメカモメが行儀よく岩場にとまっている姿が目についた。目のまわりが赤くふちどられた上品なカモメである。岸壁の上から眺めるアカメカモメはとても魅力的だが、見とれて足を踏みはずして下に落ちたら最後、まず助からない。天国から地獄へ、マッさかさまだ。

そんなことを思いながらアカメカモメから目をはなし、沖合いのほうを見ていると、なにやら海のいっかくがあわただしい。四羽のグンカンドリが、海面すれすれに騒がしく舞っている。海面には白波がたち、何かがいるらしい。双眼鏡で見てみると、アシカのまわりをグンカンドリが舞っているのだ。魚を追うアシカを目印にして、グンカンドリが魚を狙っているのだ。

アシカのまわりを舞うグンカンドリ

●ノースセイモア島のアオアシカツオドリ

ノースセイモア島は、平べったい小さな島だ。この島を訪れたときは、特に熱かった。乾燥した溶岩の大地を太陽が焦がし、チリチリとした熱さが印象的だった。まわりには枯れたようなブッシュがひろがり、そこには生命を感じさせない荒漠とした世界があった。

しかし、こんな世界にもギラギラとした生命を感じさせる鳥たちがいた。まず、グンカンドリである。ガラパゴスには、世界で一番大きなガラパゴスアメリカグンカンドリとガラパゴスオオグンカンドリがいる。大空を飛ぶグンカンドリの姿はいろんなところで見られるが、目の前で繁殖地が見られるのはここノースセイモア島とタワー島に限られる。

オスは繁殖期になると、喉もとの赤い袋をはちきれんばかりに膨らませ求愛活動をする。枯れたようなブッシュの中でひときわ目立つ鮮やかな赤色は、燃えるような生命のいとなみを感じさ

求愛活動をするグンカンドリ

卵を孵化させるアオアシカツオドリ

せ、とても印象的だ。

グンカンドリに感動していると、こんどはアオアシカツオドリに出会った。ゴッゴッとした大地を歩いていると、道ばたにカツオドリがいた。この島は、口を少しあけ、足元に卵をおき、ジッとこちらをうかがっていた。

巣をつくって、アオアシカツオドリが卵を孵化させているのだ。よく見ると、足元から同心円状にグアノがまわりに掻き出されている。グアノとは、海鳥の糞などが固まったものである。掻き出されたグアノの内側に入ることは禁物だ。そこは彼らの領域だ。

●ゾウガメ増殖作戦

「ガラパゴ」とは、スペイン語で「カメ」を意味する。それだけ、ここにはカメがたくさんいたということだろう。しかし、ガラパゴスの象徴ともいうべきこのカメも、海賊や船乗りたちが食料として乱獲したため激減してしまった。

このような状態のゾウガメを回復するため、サンタクルス島にあるダーウィン研究所では、ゾウガメの増殖プロジェクトをすすめている。ゾウガメの棲む島から卵を持ち帰り、研究所の孵化器にいれて孵化させるのである。孵化したゾウガメは四年間研究所で飼育し、五年目に再び島に帰してやる。

ゾウガメ増殖作戦

ゾウガメは生後三年ほどは甲羅がやわらかい。このようなカメを自然に帰すと、クマネズミや野生化したイヌなどに甲羅ごと食いちぎられてしまう。そこで、四年目も念のため研究所に置き、太鼓判がおせる五年目のものから島に帰している。

クマネズミはダーウィン研究所のまわりにもいる。そのため、夜はケージの中に子ガメをいれている。クマネズミは、海賊船や捕鯨船など、ガラパゴスにやってきた船にまぎれて島に侵入してきた。

進化論の島として有名なガラパゴスではあるが、イヌのように意図的に解き放たれたものやネズミのように知らず知らずのうちに持ち込まれてしまったものがもたらす影響にも注目する必要がある。

3　奇妙な生きものの世界――オーストラリア――

●卵を産む哺乳類

奇妙な動物の宝庫、オーストラリア。

私たちの常識では、哺乳類といえば、母親の子宮内で育った子が母乳で育てられる動物がイメージされる。ところがオーストラリアには、卵を産む哺乳類がいる。ハリモグラやカモノハシである。

彼らは爬虫類のように卵を産み、母親は鳥類のように卵を温めて孵《かえ》す。やわらかい殻につつまれた卵から孵化した子は、その後母親の乳腺から出る乳によって育つのである。

単孔類とされるこの哺乳類は極めてユニークであるが、カモノハシはさらにその容姿も独特である。一八世紀末に、カモノハシの毛皮標本がヨーロッパに最初に紹介されたときは、剥製師がカモ（鳥）の頭と脚に他の哺乳類の体を縫い合わせて作った「まやかしもの」だと騒ぎになった。確かに、そのように疑われてもしかたがない容姿をしている。しかし、カモノハシの嘴《くちばし》はやわらかいゴム板状をしており、カモの嘴のように角質のかたいものとは異なる。カモノハシは水中生活に適応しているが、水中では目や鼻などの孔を皮膚に皺《しわ》をよせて閉じてしまう。そのため、こ

ハリモグラ

カモノハシ
（世界文化社、1985）

クである。

の嘴の触覚を頼りに餌となる昆虫の幼虫、エビ、貝などを見つけ出すというから、さらにユニー

●人気者のカンガルーやコアラも変わった生きものだ

人気者のカンガルー類やコアラも変わった哺乳類だ。これらは卵こそ産まないが、腹部にポケットをもっている。有袋類とされるこれらの哺乳類は、このポケット（育児のう）の中で子を育てる。

ヒトも含め、現在の我々のまわりにいる多くの哺乳類は有胎盤類といわれる。有胎盤類の場合、受精した卵（胚）が着床する胎盤ができ、そこを中継地として母親から栄養をもらったり、また胚が出す尿などを母親にわたす。これが、私たちが一般にイメージする哺乳類の受胎の姿である。

しかし、有袋類にはこの胎盤がない。そのため受精卵は卵黄を消費したあと子宮壁から栄養を吸収するだけで、胎児は発育不全のまま早産される。この未熟児は、すぐに育児のうに這《は》いながら入り込み、その中にある乳頭に吸いつく。そして、そこでしばらく過ごす。これが有袋類の出産と子育てのスタイルである。有袋類もまた変わっているのである。

次頁の写真のような「母カンガルーとそのお腹から顔を出している子カンガルー」といった構図は、とてもポピュラーだ。そのかわいい姿は観光パンフレットやマスコミでも好んでとりあげ

られる。しかし、その事情を知る人は意外に少ないのではないだろうか。

オーストラリアではカンガルーを見る機会は多いが、それでもブッシュの中をジャンプして疾走していくカンガルーを見る機会はそうはない。ここに載せたもう一枚の写真は、そのようなカンガルーを撮ったものだ。よーく、見ていただきたい。中央やや右寄りと、さらに右側に、

カンガルーの親子

ブッシュの中をジャンプするカンガルー

二頭のカンガルーがジャンプして向こう側に走ってゆく。写っている姿は小さいが、躍動感あふれる生のカンガルーの姿だ。

●奇妙な生きものの世界にやってきた人びと

奇妙な生きものの世界であるオーストラリアに最初にやってきた人びとは、アボリジニと呼ばれるオーストラリア先住民である。彼らはオーストラロイドといわれる人種で、濃褐色の皮膚、黒い波状あるいは球状の頭髪を有す。そのほか、体毛が多い、目がくぼみ鼻がひろいなどの形質的特徴がある。

オーストラリア先住民アボリジニ
(Baglin and Mullins, 1969)

アボリジニの祖先が最初にオーストラリアに移住してきたのは、五万年くらい前だろうといわれる。アジア大陸のほうから東南アジアの島嶼をつたってやってきた。当時は氷河期で海面が低下していたので、島々が地続きになったり、海峡が狭くなっていて移動しやすかった。しかし、それでも海峡が残るところがあったが、彼らはそのようなところをイカダや木や皮製の航海具で克服した。

オーストラリアは長い間、奇妙な哺乳類とこのようなアボリジニの世界であった。そこに、植民・大航海時代になってヨーロッパ人がやってくる。一七八七年五月にアーサー・フィリップ大佐率いる一一隻の船団が、七三六人の囚人を含む一四八七人の人びとを乗せてイギリスを出発した。そして、そのうちの一〇三〇人が八ヶ月後の一七八八年一月にボタニー湾に到着した。イギ

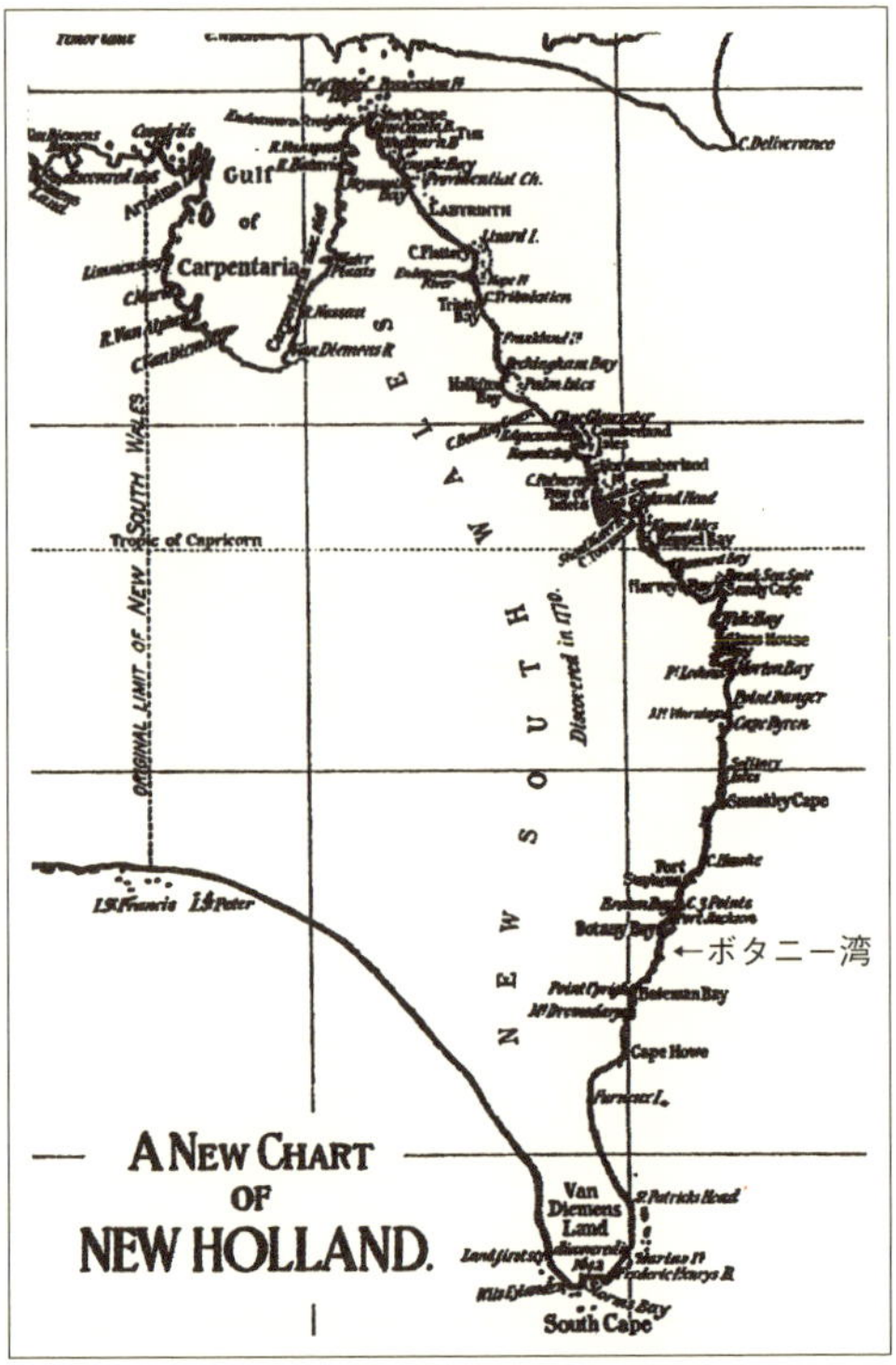

オーストラリアとボタニー湾
（1787年当時の地図。Dutton, 1986）

リスによるオーストラリア植民の開始である。

この植民に先立って、イギリスのキャプテン・ジェームズ・クックがオーストラリアの東海岸を北上し、現在のシドニーの近くのボタニー湾に上陸している。一七七〇年のことである。イギリスは一七七六年に植民地であったアメリカが独立したため、オーストラリアを流刑地として植民地化していった。

●人がもたらした奇妙な生きものたち

オーストラリアには、野生化した家畜がたくさんいる。ブタ、ヤギ、ウマ、ウシ、スイギュウ、

Prof Takahashi in bush gear for a trip to wild boar country

Dundee-san sees big bucks from wild boars

LOOK out, Mick Dundee, because Crocodile Takahashi has been to town and is hungry for adventure.

Paul Hogan may have met his oriental match with this wild man from Toyama.

Japan's Professor Shunjo Takahashi, an authority on the wild pig trade, donned an oilskin and bush hat to see what Australia has to offer in the way of wildlife.

Buffalo

He arrived in August and has prepared a report on Australia's $10 million a year export trade in wild pig meat.

In the process, Prof Takahashi faced buffalo in the Northern Territory, giant boars in central NSW and wild cats in national parks.

He is so impressed with Australian bush life that he wants to return next year for more adventure.

He said: "The Australian boar is bigger than the Japanese boar and more savage.

"I have never been attacked by a wild pig – we usually shoot them."

The 35-year-old professor is a bio-geographer at Toyama University, on the north-west coast of Honshu.

By SCOTT TUCKER

As he left for home yesterday to tell his people about Australia, he said: "My people identify Australia with koalas, kangaroos and frill-necked lizards.

"But I want to let them know about your feral animals and if they can be marketed."

Japan's demand for wild pig meat is increasing rapidly while, according to Prof Takahashi, domestic supplies are dwindling.

He said the Japanese demand could turn Australia's export pig market into a lucrative business.

Australia exports pig meat also to West Germany, France and the West Indies.

Prof Takahashi said Japan's farm-reared boars were no match for Australia's burly wild pigs.

The Japanese knew little about feral and introduced animals which would also be of interest for "viewing, hunting and possibly eating".

Prof Takahashi's visit was sponsored by the Australian-Japan Foundation which based him at Newcastle University.

Paul Hogan as Crocodile Dundee

野生化した家畜を追いかける私
（オーストラリアの現地紙）

羊毛を運搬するラクダ

郵便物もラクダで運ばれた

ラクダ、ヒツジ、イヌ、ネコなど、ありとあらゆる家畜が野生化している。これらのほとんどは、イギリスによる植民地化以降に人の手によって持ち込まれ、人の手によって野生化した生きものである。

●オーストラリアの砂漠とラクダ

乾燥大陸と呼ばれるオーストラリアは、砂漠の国である。アウトバックには乾燥地がひろがり、その中を突っ走る車からはモウモウとした土ぼこりが舞いあがる。

　こんな砂漠を探検し、開拓した人たちは、おおいにラクダのお世話になった。オーストラリアに最初のラクダが持ち込まれたのは一八四〇年のことで、アデレードとメルボルンに陸揚げされた。ラクダは、井戸掘り、電信線の取り付け工事、鉱石や羊毛の運搬、郵便配達、州境の柵の敷

オーストラリアで野生化したラクダ

砂漠の町アリススプリングス

設、パトロールなどに使われ、いろんなものを運ぶラクダは「砂漠の船」と呼ばれた。

しかし、このようなラクダも、道路網の整備やモータリゼーションがすすむ一九二〇年代から飼育価値が低下していった。そのようななかで、遺棄され野生化するラクダがみられるようになった。野生化したラクダは、内陸の乾燥地の湖の周辺などで、アカシア低木林をはじめとする幅ひろい植物を食料として生活している。

オーストラリアの砂漠のど真ん中に、アリススプリングスという町がある。アリスの泉（スプリングス）と名付けられたロマンチックな名前のこの町は、エアーズロックなど砂漠の観光の拠点だ。このあたりにはいくつもラクダ牧場があり、ツアーのコースにもなっている。

砂漠のラクダは絵になる。だれもが、ラクダ牧場でラクダと記念撮影をする。ラクダ牧場に設

ラクダツアーのリーフレット

けられたラクダ乗りのコースも人気があり、さらに興味がある人は二泊、三泊して砂漠へのラクダツアーに出かける。

こんななか、うっかりすると、「ラクダ」と「オーストラリアの砂漠」は、まったく違和感なく受け入れられてしまう。そう、「砂漠にはラクダがつきものだし、オーストラリアにもラクダがいるんだよネ」、って。みなさんは、そうならないでください…。

●野生化したブタって、イノシシ？

話はかわるが、みなさんは、ブタはイノシシから家畜化されたということをご存知だろうか？「いやいやブタはブタで、イノシシとはまた違う」、「ブタはブタで、最初からブタだ」と思っている人も多いのではないだろうか…。

しかし、家畜にはすべて野生の原種がいる。野生の原種を、人間が自分たちの役に立つようにつくりかえたのが家畜である。家畜は英語で「livestock」というが、まさに「生きた（live）財産（stock）」として、人間がつくりだしたものだ。

そのような家畜であるブタの原種は、イノシシなのである。イノシシは、古くから肉を獲得するために狩猟されてきた動物である。このイノシシを改良して、手元で容易に肉を得ることができるように家畜化したのがブタである。

粗放的な放牧はブタの野生化をすすめた

オーストラリアでは、特にヨーロッパ人が入植してくるときに、さまざまな家畜が持ち込まれた。ブタやヤギは入植者たちの食料になったし、ウマやロバは人や物を運ぶのに役立った。また、内陸部にひろがる砂漠の探検や開拓においてはラクダが大活躍したし、北部の熱帯サバナでは湿潤な気候に適応するスイギュウが重宝された。

これらの家畜たちは、まさにオーストラリア開拓の立役者であった。しかし一方で、開拓期における飼育の粗放性、意図的な解き放ち、遺棄、事故によって、各地で野生化するようになった。そして、ここに、人間の手によって持ち込まれ、人間の手によって新天地で野生にもどった奇妙な生きものがたくさん生じた。

野生化したブタ、ヤギ、ウマ、ウシ、ラクダなどはすべて有胎盤類で、本来オーストラリアに生息しない動物である。このような生きものが、単孔類や有袋類の世界に侵入しているオーストラリアとは、奇妙な生きものがいっぱいいるところだ。

ところが野生化した家畜たちは、カモノハシやカンガルーたちとは違い、歓迎されない生きものである。なぜかというと、これらは外来種だからだ。近年、日本で話題にされるブラックバスやブルーギルなどの外来種問題を思い浮かべてほしい。これらは、在来の生態系や人びとの生活に大きな被害をもたらす侵入者だと盛んに批難されている。

もちろん、オーストラリアで外来種が問題視されるようになったのは日本より遥かに早いのであるが、ここでは、家畜が野生化した当時のいきさつの一端をみてみよう。当時、ヨーロッパでは、自由放牧方式の家畜飼養がみられた。たとえばブタは、木の実が生産されるブナ科の森に放たれた。ブタを森林からの生産物に依拠して飼育するやりかたは、飼育に要する労働力や経費の節減にすぐれ、穀物生産に適さず、人口が少ないところの土地利用としてヨーロッパで行なわれていた。

野生化したブタは適宜捕獲され食肉となってきた
（このブタは巨大で、200kg 級の大物である）

オーストラリアにやってきた移住者は、当地にもこのような自由放牧方式の家畜飼養を持ち込んだ。このようにして、開拓期の頃、周辺の湿地、川岸、ブッシュなどに盛んにブタが放たれた。しかし、このような粗放的な放牧は、一方でブタの野生化をすすめる最大の要因となった。

開拓期の頃、周辺に野生化するブタは、住民にとって補充的な生きものとして活用された。野生化したブタは、適宜捕獲され食肉となっていた。また捕獲された若いブタは、屠殺可能な大き

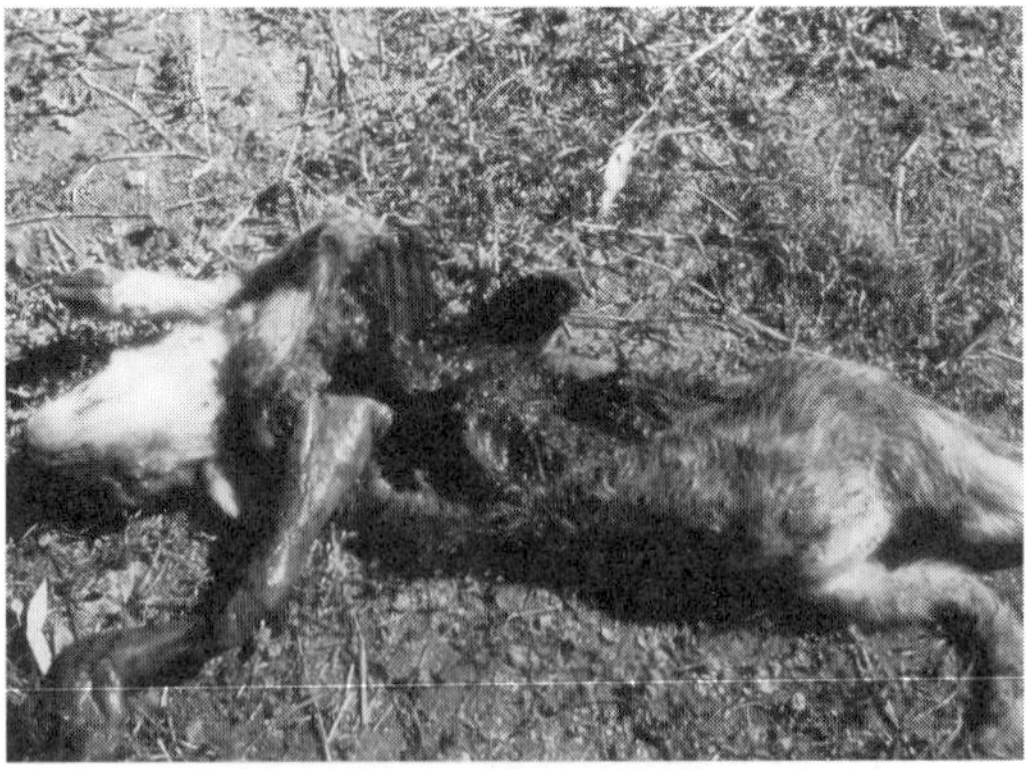

野生化したブタに捕食された子ヒツジ

駆除される野生化したブタ

さまで肥育され、自給用に供されたり売り捌《さば》かれた。

さらに、オーストラリア周辺の島々には、船乗りたちによって、食料の補給用や難破時の非常食用として、ブタやヤギなどが放たれた。鯨油、アザラシやアシカ類の皮や油、海鳥の卵、魚を求めて、沿岸や沖合いを移動していた彼らにとって、ブタやヤギは新鮮な肉を提供してくれる存在だった。冷凍技術が未発達であったこの時期は、解き放たれ野生化した家畜たちは、彼らの命綱であった。

このような野生化家畜は、初期の頃は好意的な存在であった。しかし、農牧業が内陸部に展開し、商業的土地利用がすすむ一九世紀後半には、農作物や牧草地などに被害をもたらす「害獣」となった。

害獣視は、一九六〇年代後半より高まる自然保護運動によってさらに強化された。この運動は、オーストラリアの在来の生態系を保護するためそれらに被害をもたらす野生化家畜を排除しようというもので、この流れの中で野生化家畜は「外来の害獣」とされていった。

「生物多様性」の重要性が声高に叫ばれる今日、オーストラリアでも日本でも、外来種はおおむね「抹殺」「根絶」の対象になっている。しかしながら、過去に起きたオーストラリアの事例をみても、外来種の問題は人間の問題であるということを決して忘れてはならないのである。

4 スコールとピラニアとナマケモノ——アマゾン——

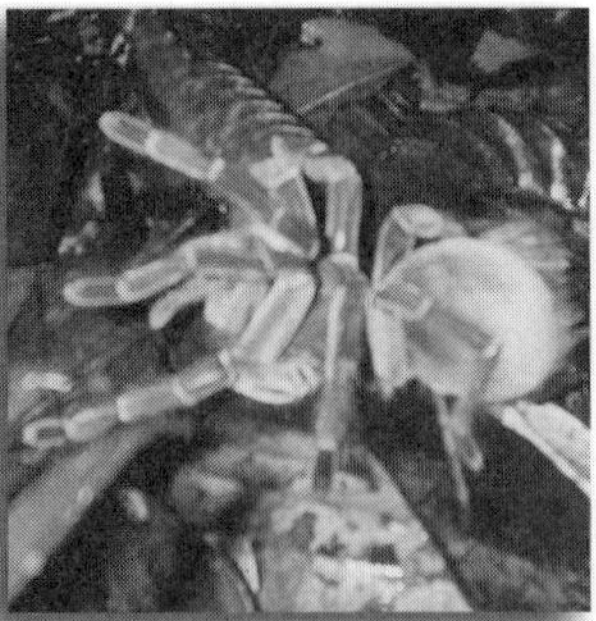

●いざ、アマゾンへ

前に述べたように、私は少年の頃からアマゾンに憧れ、大学の探検部ではアマゾン川くだりをしようと思ったほどのアマゾン党であるが、実際にアマゾンを訪れたのはずいぶんとあとのことである。

大学の教員となり、学生たちを引率してアマゾンに足を踏み入れたのは二〇〇三年二月のことであった。学生時代から、時間は二〇年も流れていた。学生時代にアマゾン川くだりを計画し、吉野川の激流部で訓練を積んでいた頃が走馬灯のように頭の中を駆け巡るのを覚えたが、私はこのとき、はっきりと思った。

「やはり、行きたいと思ったときにアマゾンに行っておきたかった…」、と。アマゾンへの遠征

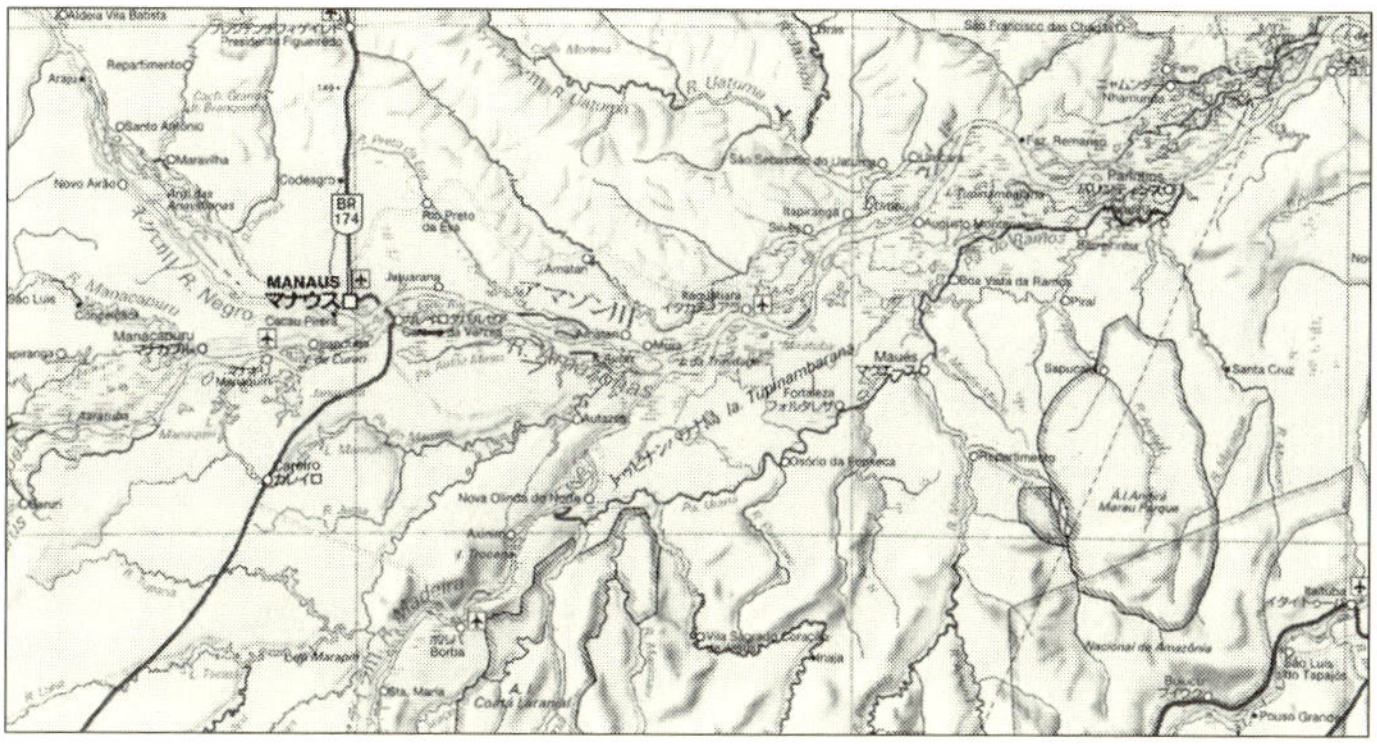

アマゾン川（マナウス周辺）

を計画していても、昔の燃えるような熱い思いはなかった。学生たちを引率するということ、ツアーという準備されたものに参加するということなどが私を冷静にさせていたのだろうが、心はなぜか醒《さ》めていた。

何ごともそうだが、「熱い情熱をもってやろうとする、そのときを逃さない！」ということが大切だ。アマゾンに挫折した私のメッセージと思っていただきたい。

●ゆうゆうと流れるアマゾン川

しかしながら、若かりしときのギラギラとするアマゾンへの思いはなくなっていたものの、やはりアマゾンは私に感動を与えてくれた。

長さ六五一六km、流域面積七〇五万km²のアマゾン。その名はアマゾン、さすがに雄大だ。

私たちは、アマゾン中流の都市マナウスから船に乗った。マナウスは一九世紀のゴムブームで繁栄した都市だ。アマゾン上

雄大なアマゾン川

流で天然ゴムが発見され、一獲千金を夢見た人たちがヨーロッパから押し寄せた。そんなマナウスにはヨーロッパ調の建物がみられ、当時の活況ぶりがうかがえる。その後ゴムブームは後退したが、今もアマゾンの秘境への玄関口だ。

船に乗った私たちをまず驚かせたのは、アマゾン本流のひろさだ。確かにひろい。そのひろさに驚くが、もっと驚くのは水が濁ってどろ色であること。そして、もっともっと驚くのは、こんなどろ色の川の中を泳ぐイルカだ。イルカのジャンプは私たちを大いに楽しませてくれたが、イルカはこんなに濁った水の中を泳いでいるのだ。

イルカがジャンプすると、太陽の光が体に反射する。その躍動感溢れる姿はとても印象的だ。どこからともなく現われ、突然どろ色の水の中からジャンプするイルカを、ワア！ワア！と声を出しながら学生たちがカメラをもって追いかける。みんなが「アマゾンに来てヨカッタ」と思う、瞬間である。

アマゾンには、カワイルカと呼ばれるイルカがいる。成体は腹部がピンクで背中は灰色をしているが、オスの中には全身がピンク色のものもいる。

カワイルカは主にアマゾン本流に棲んでいるが、増水する雨季は支流に入っていく。さらに水位があがって氾濫源の森が水につかると、浸水林に食料を求めて集まる魚を追って、浸水林にもやってくる。そう、イルカは魚を食料にしているのだ。

マナウスの港

ジャンプするイルカ

●スコールと避難者たち

いつも雨ばかり降っているようなイメージのあるアマゾンにも、雨の多い季節と比較的雨の少ない季節があるが、私たちが訪れた二月から三月は、幸か不幸か雨の多い時期であった。

アマゾンでは、よくスコール型の雨に見舞われた。むこうの空が白くなり、白いカーテンのような雨の大群がワアーッとこちらに押し寄せてくる。そうなると、とにかく一目散に走らなければならない。どこでもいいので、とにかく雨宿りができる場所まで全力疾走だ。

あるとき、そんなスコールに襲われた。みんなはクモの子を散らすように逃げ、私も急いで高床式の小屋の下にもぐりこんだ。すると、隣りの小屋の床下にニワトリやイヌが同じように避難しているではないか。こちらもジーッとし、むこうもジーッとしていたので、最初は気づかなかった。

私が一目散に逃げ込んだ小屋の床下には、三〜四人の学生たちももぐりこんできた。最初は、みんなでスコールの凄さや散り散りになった学生たちのことを気づかっていた。しかし、なかなかおさまらないスコールに、ただジーッと待つばかりの時間がすぎた。そんなとき、フッと隣りを見ると、声ひとつ出さずジーッとしているニワトリやイヌがいることに気づいたのである。しかも、たくさんいる。おそらく彼らは、慌てふためいてジタバタしていた私たちの姿を静かに見ていたにちがいない。落ち着き払ったニワトリやイヌたちに、アマゾンの先輩として敬意を払った私であった。

アマゾンでは、雨季に行ったおかげでよい体験をした。アマゾンの行軍は、雨が降るので水は十分なのだが、けっこうのどが渇いた。むし暑いこともあるのだが、カッパやポンチョを身につけるものだから、かなりの汗をかく。「汗をかくからビールがうまい！」と思われるかもしれな

左前方より白いカーテンのような雨の大群が押し寄せてくる

床下に避難していたニワトリやイヌたち

いが、うまいことはうまいのだが、ビールは湿度の高いところではそれほどでもないこともわかった。

●アマゾン川の生きもの

アマゾン流域では、雨季の増水によって氾濫原が水につかる。このようにして水につかった森を浸水林というが、ここには木から落ちる果実や種子を食料とする魚が集まってくる。このような自然のサイクルにもアマゾンの雄大さを感じるが、このような果実や種子を好んで食べる魚は味がよい。特にタンバキという魚は人気があり、古くからアマゾンの主要な食用魚となってきた。

アマゾンでは今日、刺網漁や投網漁が行なわれている。刺網漁は効率がよいためアマゾン流域でひろくみられ、投網漁は氾濫原での主要な漁法となっている。捕った魚は自給用にされるほか、マナウスの魚市場にもっていかれる。

体長三m以上になるアマゾンきっての巨大魚ピラルクーやナマズなども水揚げされる。マナウスにある巨大な魚市場には、アマゾンで捕れるさまざまな魚類が並べられていてとても壮観だ。ちょっと立ちどまって見ていると、売り手のオヤジやニイサンが「これどうだ!」と、必ず声をかけてくる。

アマゾンの氾濫原は、魚類だけでなくいろいろな生きものにとって重要な生息場所となってきた。たとえば、体重が七〇kgほどにもなる世界最大の齧歯類《げっし》のカピバラは、増水期に拡大する浮島草原の草本類を食べて体脂肪をたくわえ、食料不足となる乾季をのりこえる。カピバラは、水辺に棲む草食性の動物だ。ネズミの化け物みたいな生きものであるが、指の間に水掻きがあり、泳ぎはうまいし危険がせまると水中に潜って逃げる。雨季の氾濫原はまた、果実や種子が豊富に

水につかった森

アマゾンでの漁

実る。そのため、ここに食料を求めてやってくる鳥類や哺乳類も数多くみられる。

ところが近年、このような氾濫原がウシの放牧地になり減少している。牛は水の中に入って浮草も食べるため厄介である。氾濫原の減少は、アマゾン流域の生きものたちにとって大きな問題となっている。

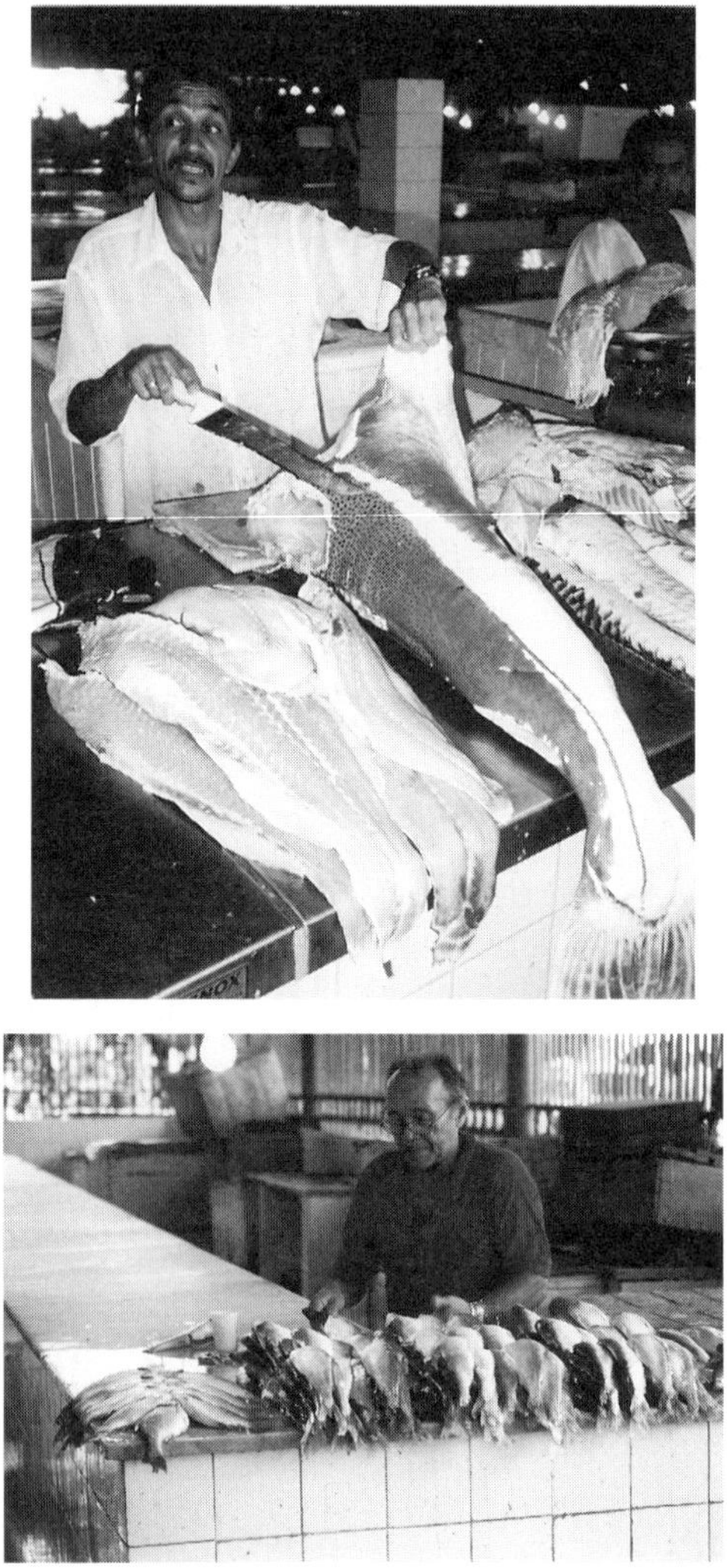

マナウスの魚市場（巨大なナマズやいろいろな魚が並ぶ）

●ピラニアとワニ

アマゾンの楽しみのひとつは、ピラニア釣りだ。このピラニア釣りは変わっている。竿につけた針に肉片をぶらさげ、浮きもつけずに川にいれる。そして、竿の先を水の中にいれて、バシャバシャとあたりの水を掻きまわすのである。

カピバラ

浮島草原

釣りとは、「浮きをつけて魚がかかるまで静かに待つ」というのが常識であるが、ここでは違う。バシャバシャと掻きまわすのは、獲物がおぼれているとみせかけ、ピラニアを誘き寄せるのが目的だ。最初は半信半疑でやっていたが、それでもピラニアが釣れだすと、みんな一生懸命になってバシャバシャバシャ。ピラニア釣りとは、こうも賑やかなものだとは知らなかった。釣ったピラニア

ウシの放牧

ピラニア釣り

は、みんなで食べた。けっこうウマイ魚である。

日が暮れてからは、ワニウォッチングにも行った。ボートに乗って、あたりを懐中電灯で照らすと、ワニの目がルビーのように光っている。そんな光を見つけると、ボートで近寄り、ガイドが素手でサッと捕まえる。もちろん小さなワニであるが、その腕前はなかなかのものである。

ガイドの手の中で注目を浴びる子ワニ

捕まった子ワニは、ガイドの手の中でみんなの注目を浴び、いささかグロッキー気味だ。みんな、子ワニを手にしたいとガイドにおねだりする。学生たちの手の中をつぎつぎとバトンタッチされた子ワニは、ますますグロッキーだ。急いで水に帰してやった。

かつて、アマゾン流域には多くのワニがいたが、美しく良質な皮をとるために乱獲され数が少なくなった。そのため、なかなか大物にはお目にかかれないが、アマゾン流域に棲むクロカイマンといわれるワニの大きいものは五m近くにもなる。大型のワニはカピバラなども捕食し、ときとして「アマゾンの人食いワニ」といったウワサも流れる。私たちが手にした子ワニからはそんなイメージはわいてこないが、子ワニが無事成長し、大物のワニになってほしいと願って帰りの途についた。

宿泊は森の小屋で

●アマゾンの森の中を行く

私たちのアマゾンでの宿泊は、森にある小屋だった。明かりはローソク、シャワーは水の生活だ。汗をかいたり、雨にぬれた衣類を水で洗い、ベランダに架けておくがなかなか乾かない。シャワーといえば「お湯」に慣れた私たちには、アマゾンといえども水のシャワーは冷たかった。

森には、毒グモであるタランチュラや大アリなどがいた。大物の生きものにはなかなか出会えないが、ムクインといわれるダニなど小物の生きものには注意が必要だ。うっかりしているうと、知らないうちにこれらが足元から這い上がってくる。ガイドから、ムクイン対策はズボンのすそを靴下の中に入れるとよいと教わった。

森にある集落を訪ねたとき、ナマケモノがいた。現地の人が森から捕ってきたらしい。みんなはこの奇妙な生きものに最初はビックリ。しかし、なかなかの愛嬌モノだとわかると、先日の子ワニ同様、またまたナマケモノも学生たちの手の中をバトンタッチだ。

ナマケモノとは、ありがたくない名前を頂戴した動物だ。この動物は氾濫原の森に多い。ほぼ完全な樹上生活をするナマケモノは、ほとんど移動せず、多くの時間ジッとしている。彼らは、木にぶらさがって生活するように適応したため、地上で立って歩くことはほとんどできない。し

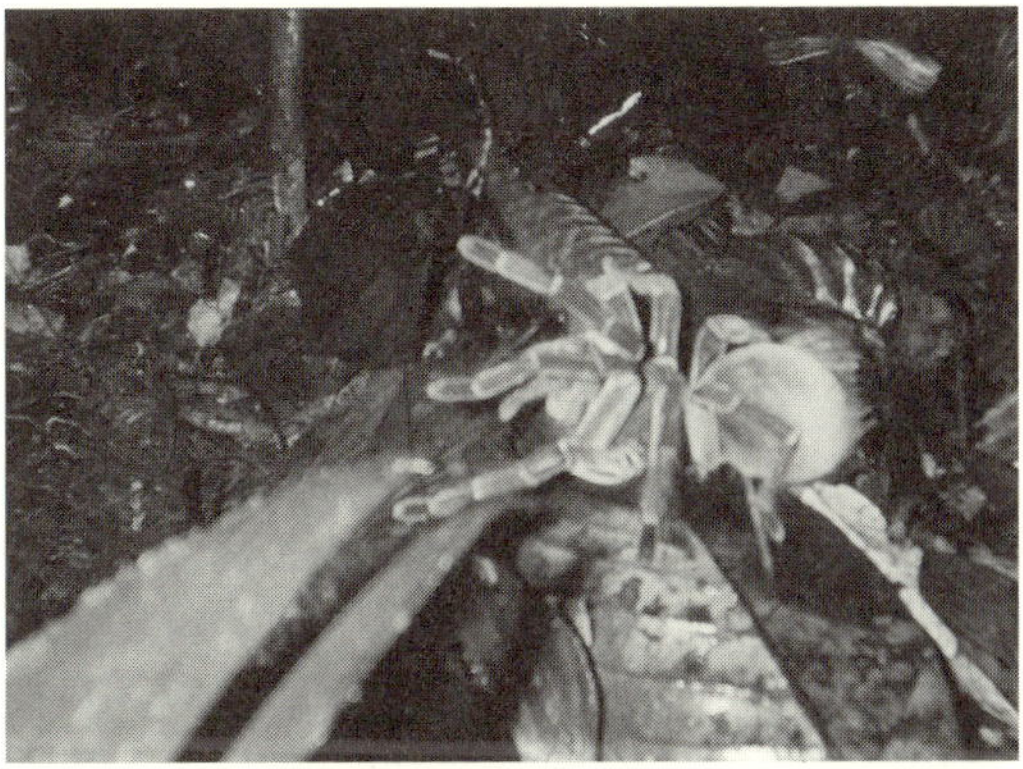

毒グモ・タランチュラ

学生たちの人気者・ナマケモノ

かし、泳ぐことはできる。私たちも、船着場近くの浸水林の木につかまっているナマケモノを見た。ここまで泳いでやってきたのだろう。

途中、野生動物を捕獲する罠があった。現地の人びとは、森の木や木の皮、ツルなどを使い、いとも簡単に罠や弓矢を作ってしまう。また、森での火や煙の起こし方、水分補給ができる木の

獲物を捕る罠

ガイドの説明を聞く学生たち

種類、薬草など、森で生活する知恵が豊富だ。

私たちを案内してくれたガイドは、そんなことに通じた現地人である。このようなガイドの説明を受けながら、川を渡り、森を歩き、集落を訪ね、いろいろなことを学ぶことができた。

Ⅱ

生きもの秘境のたび――日本編――

1 ツキノワグマを追跡する——絶滅と賞金——

●クマに出会ったら、どうする？

学生時代のことだが、一人でクマを追いかけていたときの話である。私は京都の北部にある三国岳、青葉山から大浦半島一帯で、クマの調査をしていた。「三国岳」、「青葉山」、「大浦半島」と言っても、ほとんどの人は知らないだろう。丹後半島の東部にあり、舞鶴の近くだと言えば少しは位置を思い浮かべてもらえるだろうか。

このあたりにもクマがいて、明治期は槍によるクマ猟がみられた。この頃は、生息地が奥山に限られ、里にはほとんど姿をみせなかった。ところが、一九六〇年頃になると、クマが里に出没するようになり、スイカ、タケノコ、イチゴ、カキ、ナシ、クリ、ビワ、モモ、マクワなどに被

成生岬
毛島
鳳島
高島
沖葛島
礒葛島
成生
馬立島
野原
田井
アンジャ島
正面崎
押回鼻
今戸鼻
博奕岬
大山
内浦湾
上瀬
観音寺
栃尾
多祢寺
河辺由里
河辺原
河辺中
室牛
西屋
大丹生
千歳
佐波賀
平
中田
朝来中
笹部
登尾
青葉山
山中
神野浦
神野
原子力発電所
小黒飯
難波江
大波
岡安
吉野
白屋
松尾寺
高野
中山
三松
若宮
舞鶴湾
戸島
蛇島
烏島
白杉
青井
乙島
吉田
長浜
舞鶴東港
和田
泉源寺
田中
安岡
吉坂
鹿原
関屋
横津海
高浜
大飯郡
舞鶴西港
余部上
上安
天台
舞鶴東IC
多門院
三国岳
与保呂
舞鶴市
老富
福谷
安川
川上
寺田
上根
今田
女布
白滝
別所
岸谷
五泉
舞鶴西IC
真倉
弥仙山
光野
君尾山

三国岳・青葉山周辺

被害にあったスイカ

害が出るようになった。クマは、ニワトリ小屋にとりついてニワトリを襲うこともあった。

私が調査をしたのは一九七〇年代の後半で、ちょうどクマ被害がたけなわの頃であった。クマ騒動のようすを、舞鶴市の資料からみてみよう。「一九六二年頃から果樹やニワトリを荒しはじめ、人心にも大きな不安を与えはじめたため、府・市・警察で対策協議会をもって取り組みを開始、地元区長の要請で市が猟友会の出動を要請、市は猟友会に年一万円、また駆除実績に対し成獣五〇〇〇円、子グマ二五〇〇円の補助及び報奨金を交付、万一猟友会員に負傷等の事故があれば市が責任を負う……駆除できるのは農家のニワトリ小屋にとりついたとき、カキの木にのぼっているときなどで、消防団や猟友会で大規模な山狩りを行なったりしている……」。

クマの害はスイカやニワトリなどにとどまらず、ときとして人身にもおよんだ。そんなクマの出没は、人びとに恐怖心を与えた。「クマに出会ったら、どうする?」「どうしたら、いい?」私も、よく聞かれた。

クマの被害が出ているところで、農地で被害跡を見たり、山の中に入ってクマの痕跡を調べているとき、クマと出会ったらどうしたらいいのか？　クマ除けの鈴などを付けていても、クマがいそうなところはあまり気持ちのいいものではない。

私はこれまで、運がよかったのか、クマにバッタリ出会った体験がない。けっこう山に入って

簡易テントと私

ヌッと現われたクマ
（これは後日、自動カメラで撮ったもの）

いるのだが、偶然なのだろうか。しかし、この調査時に、このようなことがあった。

私は簡易テントを木の枝に結びつけ、その夜をしのごうとしていた。テントの中はシュラフとザックだけ。四方をヒモで木の枝に結んで吊り上げた一人用のテントは、夜露さえしのげればよい極めて簡易なものだ。どんなテントでも、クマがその気になればたいへんだが、このテントは、その点まったく頼りにならない。クマの爪でひと掻きされたら、たちまち切り裂かれてしまう。

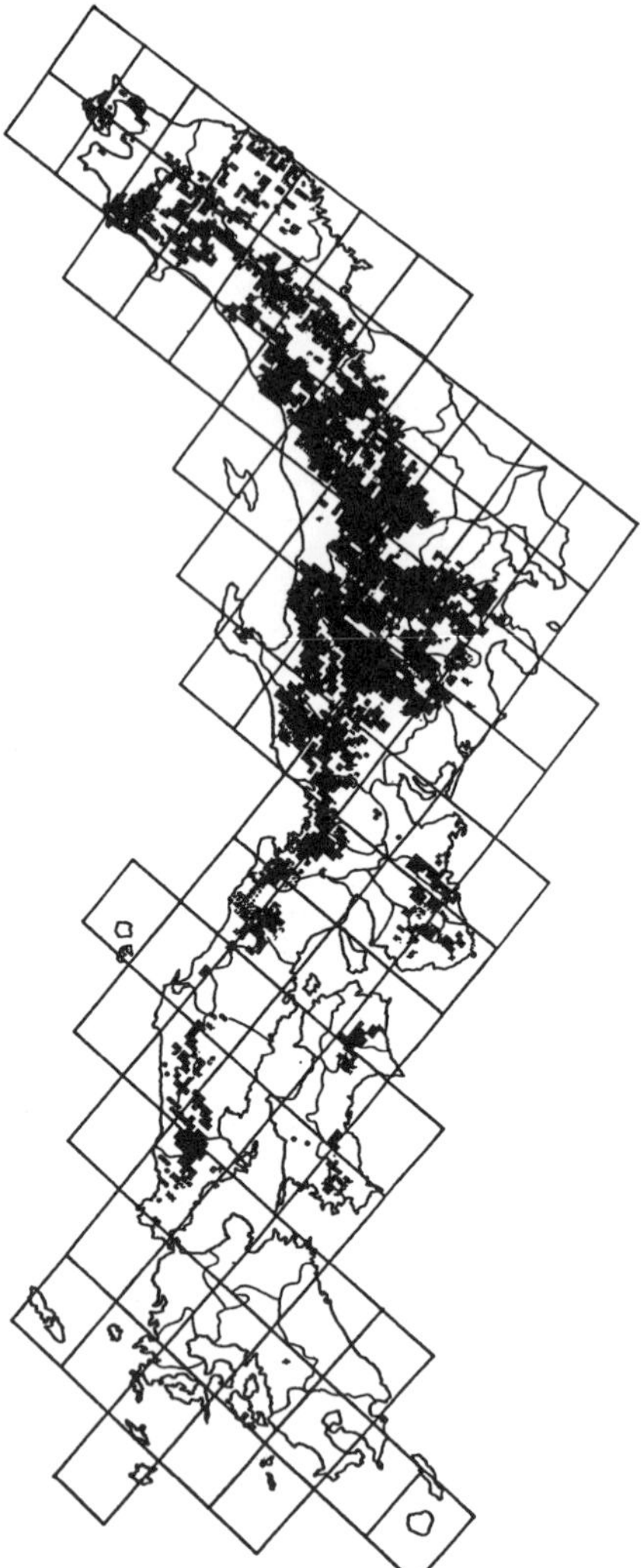

■生息　○一時的また季節的出現　×絶滅
ツキノワグマの分布図
(哺乳類分布調査科研グループ、1979)

夕方テントの中にいると、近くの林でパキパキという音がする。何やら大きな生きものが動いているようだが、まわりは暗くて何も見えない。一生懸命に耳を澄ます。音は、しばらく続く。クマなのか!! ジッとしていると、この生きものが近づいてくるような気配がする。

長い沈黙のときが流れたような気がする。私は、身じろぎもせずにいたが、このときの体験を今も思い出す。このとき私は、薄っぺらいテントの中に横たわり、無心になって大地と一体化しようとしていた。何が近づいてくるのかわからないが、大地と一体化すれば自分の気配が消せると思ったのだ。それは、一種の覚悟ともつかない強烈な緊張だった。

これが、クマかと思ったときのとっさの思いと行動だった。長い長い時間が経ったように思われたが、どれくらいの時間だったか覚えていない。音はしなくなっていた。そのまま、私は大地に溶けこむように眠ってしまった。

●九州のツキノワグマは絶滅したのか?

右の図は、日本のツキノワグマの分布図である。これを見ると、クマの分布の中心は中部・北陸地方から東北地方にかけての山間部にあり、それに対し、紀伊半島、西中国山地、東中国山地、四国などではクマの分布が連続せず孤立していることがわかる。そして、九州のクマは絶滅状態

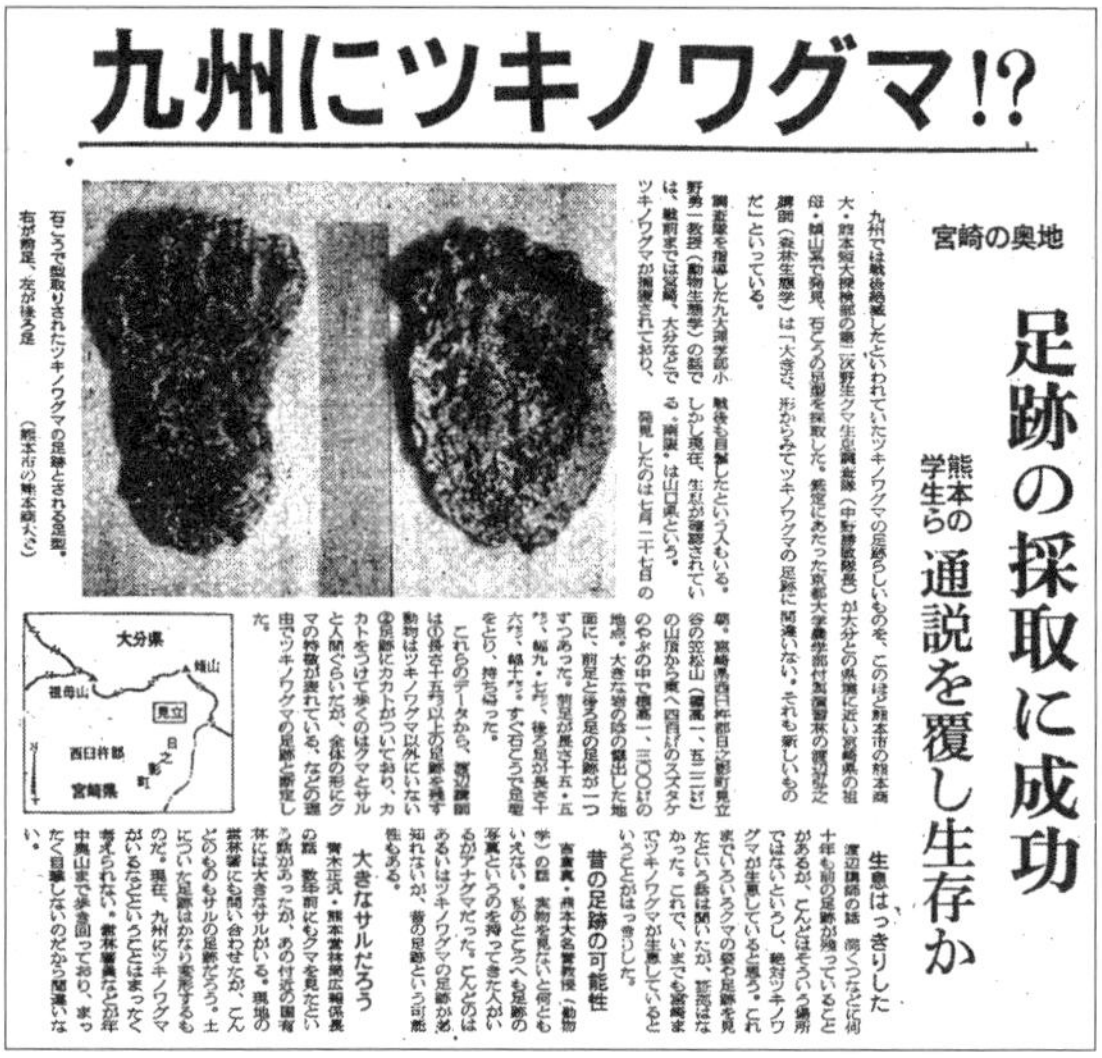

九州にツキノワグマ!?

宮崎の奥地

足跡の採取に成功

熊本の学生ら　通説を覆し生存か

九州では戦後絶滅したといわれていたツキノワグマの足跡らしいものを、このほど熊本市の熊本商大・熊本短大探検部の第二次野生クマ生息調査隊（中野勝敏隊長）が大分との県境に近い宮崎県の祖母・傾山系で発見、石こうの足型を採取した。鑑定にあたった京都大学農学部付属演習林の渡辺弘之講師（森林生態学）は「大きさ、形からみてツキノワグマの足跡に間違いない。それも新しいものだ」といっている。

調査隊を指導した九大理学部小野勇一教授（動物生態学）の話では、戦前までは宮崎、大分などでツキノワグマが捕獲されており、戦後も目撃したという人もいる。しかし現在、生息が確認されているのは山口県という。

発見したのは七月二十七日の朝。宮崎県西臼杵郡日之影町見立の空松山（標高一、五三二㍍）の山頂から東へ四百㍍のスズタケのやぶの中で標高一、三〇〇㍍の地点。大きな岩の陰の露出した地面に、前足と後ろ足の足跡が一つずつあった。前足が長さ十五・五㌢、幅九・七㌢、後ろ足が長さ十六㌢、幅十㌢。すぐ石こうで足型をとり、持ち帰った。

これらのデータから、渡辺講師は①長さ十五㌢以上の足跡を残す動物はツキノワグマ以外にいない②足跡にカカトがついており、カカトをつけて歩くのはクマとサルと人間ぐらいだが、全体の形にクマの特徴が表れている、などの理由でツキノワグマの足跡と断定した。

石こうで型取りされたツキノワグマの足跡とされる足型。右が前足、左が後ろ足（熊本市の熊本商大で）

生息はっきりした

渡辺講師の話　洞くつなどに何十年も前の足跡が残っていることがあるが、こんどはそういう場所ではないというし、絶対ツキノワグマが生息していると思う。これまでいろいろクマの姿や足跡を見たという話は聞いたが、証拠はなかった。これで、いままで宮崎までツキノワグマが生息しているということがはっきりした。

昔の足跡の可能性

吉倉真・熊本大名誉教授（動物学）の話　実物を見ないと何ともいえない。私のところへも足跡の写真というのを持ってきた人がいるがアナグマだった。こんどのはあるいはツキノワグマの足跡かも知れないが、昔の足跡という可能性もある。

大きなサルだろう

青木正訓・熊本営林局広報係長の話　数年前にもクマを見たという話があったが、あの付近の国有林には大きなサルがいる。現地の営林署にも問い合わせたが、こんどのものもサルの足跡だろう。土について足跡はかなり変形するものだ。現在、九州にツキノワグマがいるなどということはまったく考えられない。営林署員などが年中奥山まで歩き回っており、まったく目撃しないのだから間違いない。

九州のツキノワグマ報道（朝日新聞1977年８月）

にある。

紀伊半島、西中国山地、東中国山地、四国、九州などでクマが絶滅状態になったり孤立しているのは、これらの地域に険しい山塊が少なく、開発が早くから進んだことが原因とされてきた。

これが日本のクマ事情だが、ほぼ絶滅しただろうとみられていた九州で、クマがまだいるらしいというマスコミ報道があった。一九七七年のことである。大きな見出しで、「九州にツキノワグマ!?足跡の採取に成功、通説を覆し生存か」と、九州のクマの生存を問いかける新聞記事に、当時広島大学の学生で探検部にいた私は即座に九州のクマ探しを計画した。

記事には、「九州では戦後絶滅したといわれていたツキノワグマの足跡らしいものを、このほど熊本商大・熊本短大探検部が大分との県境に近い宮崎県の祖母《そぼ》・傾《かたむき》山系で発見、石こうの足跡を採取した。鑑定にあたった京都大学農学部の渡辺弘之講師（当時）は「大きさ、形からみてツキノワグマの足跡に間違いない。それも新しいものだ」と言っている」とある。

私は、京都大学の渡辺弘之先生に手紙を書いた。クマを誘引する方法を教えてほしかったからだ。当時先生は、京都大学の芦生《あしう》演習林でクマの研究をされていた。お名前は存じていたが、お目にかかったことはなかった。しかし先生から、温かいお手紙をいただいた。先生はその中で、「芦生では油性ペンキを塗った看板にクマが引き寄せられるので、ペンキに誘引作用があるのかもしれない」と、ヒントを教えてくださった。

クマ捜索に参加した探検部員と私（右端）

九州のクマは、明治・大正期に祖母・傾山系で捕獲されていた記録がある。しかし、昭和にはいると捕獲は途切れがちになり、一九四一年に笠松山シャクナン尾で捕獲されたオスのクマを最後に捕獲をみなくなった。ただ、クマを目撃したという情報はその後も寄せられることがあった。そのようななかで、熊本商大・熊本短大の「クマの足跡発見」のニュースが飛び込んできたのである。
私は探検部で部員を集め、一九七八年から一九八〇年にかけて祖母・傾山系にクマ捜索隊を三回組織した。メンバーは四〜

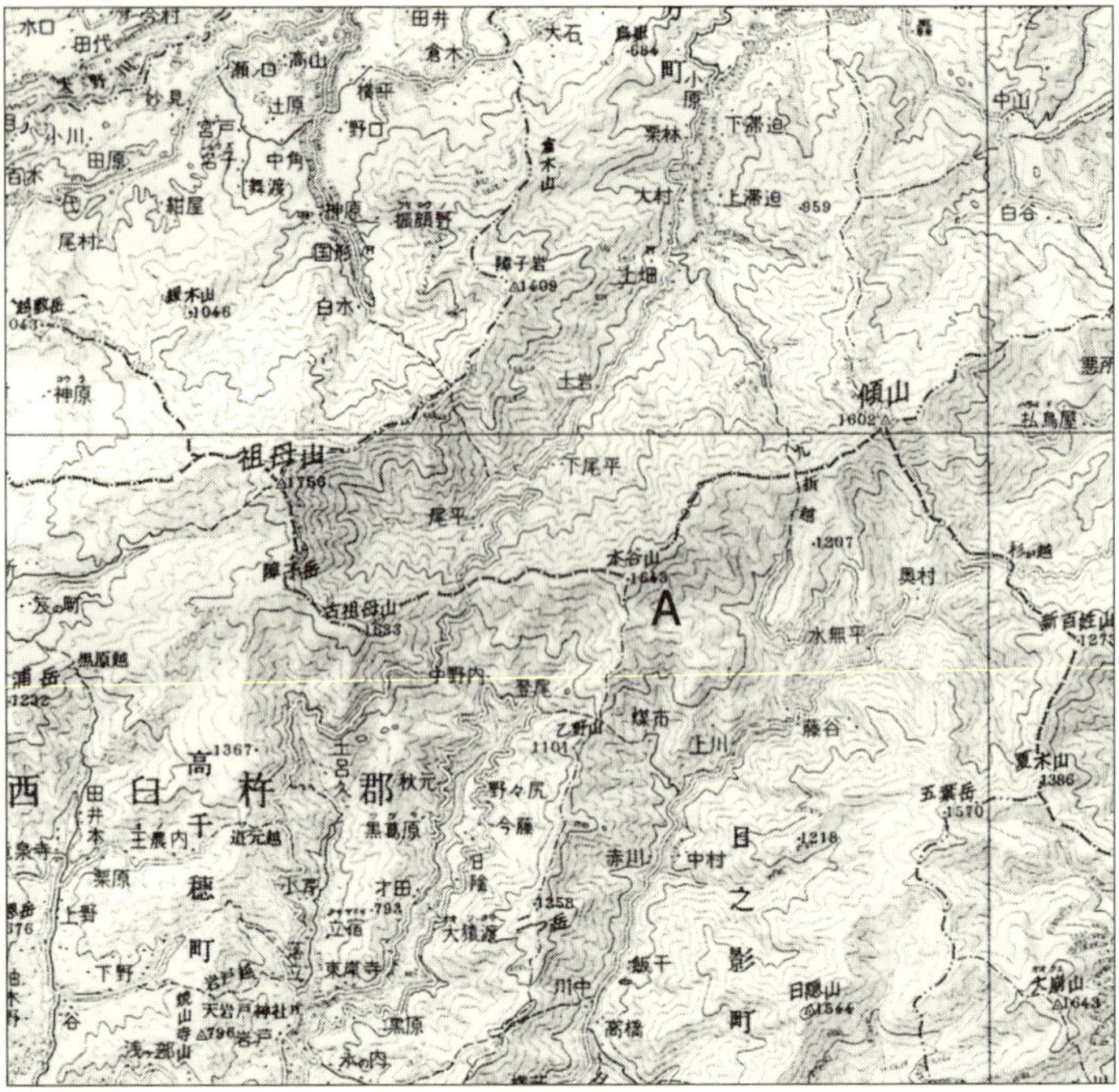

祖母山・傾山周辺

五人であった。私は主な探査地を、戦前にクマがよく捕獲されていた傾山から本谷山の南斜面と決めた。ここは、単発的ではあるがクマらしいものを見たという目撃情報もあるところだ。現地で、油性ペンキを塗った布（三〇㎝×三〇㎝）を計四〇枚とり付けた。布は、岩場、沢沿い、スズタケがひろがっているところなどの樹木にとり付けた。クマが誘引されてやってきた場合、これらの仕掛けに何らかの痕跡を残すだろうと期待した。

　しかし残念ながら、私たちの調査期間中に決定的なクマの証拠をつかむことはできなかった。わずかに図

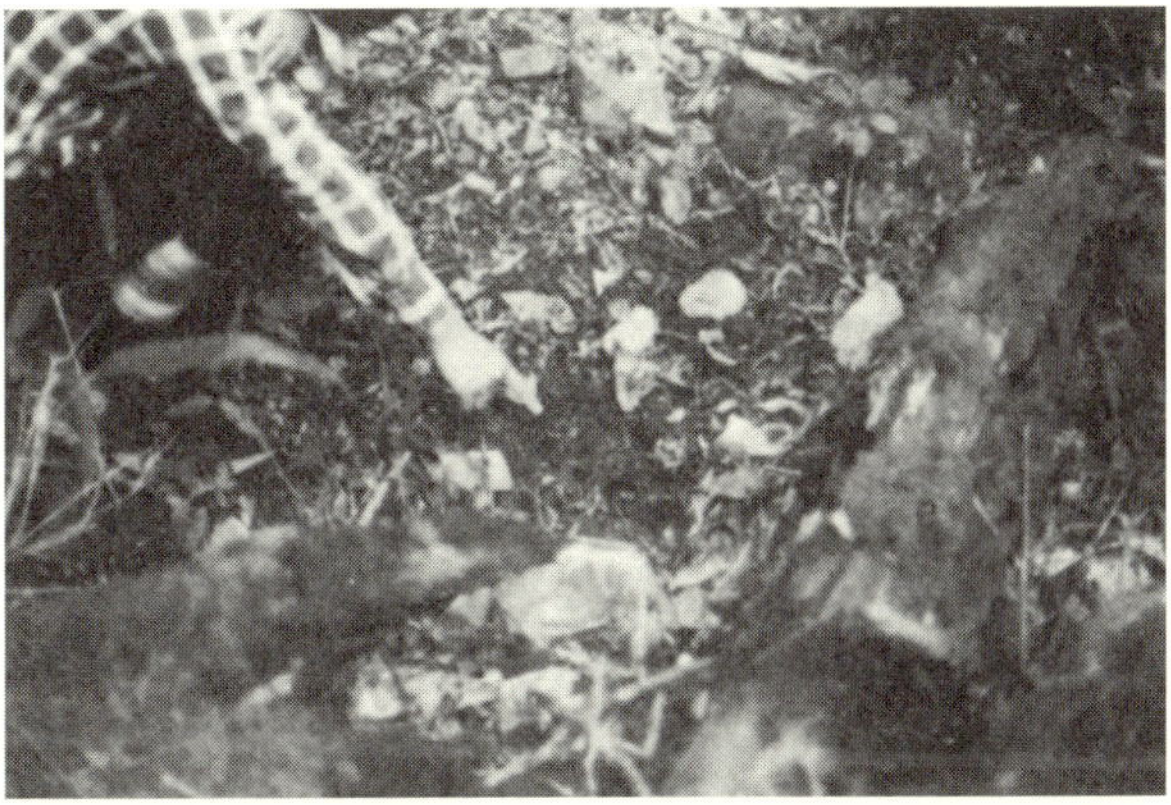

足跡らしきもの（正体不明）

すすむ森林伐採

のA地点で、ペンキの布の片側が樹木からはがされ、木の表面に引っ掻いたような傷跡が残されていた箇所が一ヶ所あった。傷をつけたのは、はたしてクマなのだろうか？　残念ながら、この傷だけではよく判らなかった。

調査中、沢沿いのやわらかな土の上にクマのような足跡を見ることもあった。しかし、形がかなり不鮮明であり、これも正確な判断ができなかった。

クマ探しの計画をたて、何度もこの地に足を運んでいた私たちであるが、最初のうちは何とかしてクマを探したいという気持ちが強かったのに、それが次第に、何とかしてこの地でクマが生きのびてほしいという気持ちに変わってきた。私たちが歩いた見立から九折越に向かう林道は、この二年の間にもかなり前進した。この林道は、森林伐採と植林のための道である。それにしたがって、本谷山—笠松山—傾山の南斜面の伐採と植林も急ピッチで尾根に向かっていた。もし生息しているのなら早く確認する必要がある。しかし、仮に発見されても、九州のクマとして生き残るパワーはもはやないかもしれない。そんな思いがしてならなかった。

その後の話であるが、私たちが調査していた頃から一〇年ほどして、なんと九州で一頭のクマが捕獲された。このニュースを聞いて、すぐさま当時のことを思い出した。しかし、その後は九州のクマのニュースを聞かない。

●クマの首に賞金四〇万円

九州でクマの生存説が話題になった頃、四国でもクマ騒動があり、新聞で大きく報道された。今度は、「クマの首に大賞金、生死不問、一頭四〇万円、罪名「山林荒らし」」という見出しだ。ただならぬ記事に、またまた私はクギづけになった。

記事には、「村人の財産である山林をクマに食い荒らされ、手を焼いての窮余の策。人口一五〇〇人の過疎の村では「一頭残らず退治する。生きるか死ぬかじゃ」と、クマ戦争にわき立っている」とあり、ただごとではない。

剣山のふもと徳島・木沢村
クマの首に大賞金
生死不問 1頭40万円
罪名「山林荒らし」
「行き過ぎみたい…」動物愛護派

四国のツキノワグマ報道
（朝日新聞 1977 年 9 月）

話題の場所は、剣山の麓にある徳島県木沢村である。さらに読むと、「木沢村の面積の九三%を山林が占め、ヒノキ、スギなどの林業が唯一の収入源。そんな静かな村をパニック状態に陥れたのが、剣山周辺に生息しているツキノワグマ。これまでは、一〇〇〇m以上の場所に人目を忍んで棲み、村人とは共存状態を続け、〝クマ蔵〟の愛称で呼ばれてきた。ところが、四二年から

クマによって剥がされた樹皮

四九年にかけ、国有林、私有林の伐採で住み家とエサを奪われたクマは、二、三年前から標高八〇〇から一〇〇〇mの岩倉、川成地区に出没し始め、村人とのクマ戦争が始まった」とある。

何が問題かというと、「被害はすさまじい。植林して一五年から三〇年たった直径一五から二〇㎝のヒノキ、スギの皮をツメではぎ、甘い樹液をむさぼり枯死させてしまう。一夜のうちに五〇から一〇〇本が被害にあうこともしばしば。三〇年もので一本八〇〇〇円とされ、一夜で損害五〇万円という山持ちもいて、去年秋から今年秋にかけての被害はざっと二〇〇〇万円」という林業被害が問題なのだ。

今度もまた私は探検部の部員に声をかけ、後輩の横山嘉人《よしと》君と出かけることにした。この遠征は、二人で三度ばかりやった。

私は、クマの被害がどのような状態になっているのかを見たかった。

広島から出発し現地に向かったが、木沢村ではバスの便が少ないのに驚いた。過疎がすすむ山の村では、バスは朝夕二回だけだった。二人は、このバスをつかまえるために幾度となく苦労をした。乗り損ねるとたいへんだったことをよく覚えている。

植林地の中は、確かにすごい状態になっていた。クマがスギやヒノキの樹皮を何本も何本も剥いでいた。剥がされた木の皮は、高さ二〜三ｍにまで達していた。木の皮がベローンと剥がされた植林地の光景は異様だった。

クマは樹皮を剥ぎ、木の形成層をかじっていた。この部分を摂取しているのだ。このような被害は「クマハギ」と呼ばれる。クマハギにより全周を剥がされた木は枯死してしまう。部分的に剥がされた木も不良木になり、用材としての価値は損なわれる。始末が悪いことに、多くは成長した木が被害にあう。これでは木沢村の人たちがカンカンになって怒るのも当然だ。

四国はツキノワグマの生息数が少なく、生息地も限られている。このままではクマ狩りが奨励

絶滅寸前 四国のクマ

徳島県が捕獲禁止へ

絶滅寸前の四国のクマ（ツキノワグマ）を守るため、徳島県は来年度からクマの捕獲を禁止する方針を固めた。近くクマの生息頭数の再確認など、さらに細かな調査をすすめるとともに、クマの被害を受けている林業関係者に保護への理解を訴える。環境庁によると、クマを保護しようというのは全国で初めて。

環境庁の話では、四国のクマの生息地は徳島、高知両県にまたがる剣山（一、九五五㍍）周辺と、高知県・西土佐村の山間部の一部だけ。クマの生息に必要な原生林面積からみて、西土佐村はごくわずかで、原生林の多い剣山周辺、それも徳島側に比較的多くすんでいるものとみている。それでも、五十三年以降、捕獲頭数はゼロで、環境庁の動物分布調査でも繁殖の報告はない。

県によると、剣山周辺（徳島側）でクマの生活が可能な原生林は二千七百㌶。クマ一頭のテリトリーは約三百㌶なので生息可能数は多くても十頭程度、とみている。

このため県はまず、五十五年度まで剣山周辺の三郡五村に出していた計十九基分のクマの捕獲おり設置補助金（一基につき一万二千五百円補助）を来年度には全廃し、有害鳥獣駆除の対象からはずすことにした。

さらにクマは狩猟獣として、シーズンになればハンターにねらわれるため、自然環境保全審議会に来年度からクマの捕獲を禁止するよう諮問することにした。

クマは林業関係者にとってはやっかいもの。造林したスギの皮を食べて枯らすほか、山仕事時の危険も伴う。「クマの保護なんて都会人の論理だ」（松本千一・徳島県林業振興会長）といった反発もある。そこで、今年中に専門家によるクマの実態調査を進めるなかで、徐々に県民の保護意識を高めていきたいとしている。

四国のクマは、終戦直後までかなりいた。しかし、造林によって原生林が次々と姿を消し、山ブドウやイモ類などのエサが減り、それに、毛皮や内臓が珍重されたこともあって、次々と姿を消した。徳島では五十二年度の狩猟期間に一頭、有害鳥獣駆除申請で三頭が捕獲されたのが最後。

今回の県の措置について阿部近一・徳島県自然環境保全審議会長は「人間がクマを絶滅寸前に追いやったのだから、今度は人間の手で保護すべきだ」と訴えている。

オリで捕らえられたクマ＝47年、徳島県那賀郡木沢村で、同村の狩猟家東山義定さん写す

（朝日新聞1981年６月20日）

され、クマは絶滅してしまうのではないか。何とかクマと人びとの共存の道はないものか。私は、目の前にひろがる惨状を見ながらつくづくとそう思った。

　そして、そんなことを思いながら何十本、何百本とクマハギされた木を見て回った。クマハギされた木の太さやクマハギの状況は、逐一フィールドノートに記録していった。植林地の傾斜やクマハギ箇所の方向なども調べた。けっこうきつい作業であった。

　それに、クマハギされたばかりの新しい剥ぎ跡もあり、すぐ近くにクマが潜んでいそうで不気味なこともあった。今ならクマ撃退用のクマスプレーをもっていくところだが、当時はそんなものもなかった。しかし、不気味ではあったが、気にせずもくもくと作業を続けた。

　高額賞金四〇万円が話題となった年には、五頭のクマが捕獲されたという。その結果、翌年はクマハギがみられなくなった。クマの捕獲が奨励された四国では、その後、クマの減少がほんとうに憂慮される事態となり、捕獲に規制がかけられるようになった。四国のクマの数が少ないことは事実であり、四国のクマが九州のような状況にならないことを願うばかりである。

2 ヒバゴンと大蛇とツチノコを求めて――まぼろしの動物たち――

●未確認生物

未確認だからこそ、気になる動物たち。

世界的に有名なネス湖のネッシーやヒマラヤの雪男、日本にもあるツチノコ、大蛇（オロチ）、ヒバゴン、ヤマピカリャーなどなど、ウワサにのぼる数々のまぼろしの動物たち。ヒマラヤには古くから雪男イエティの伝説があるし、ネッシーのいわゆる目撃情報も多い。

これらの有名な未確認生物の話については、多くの人が知っている。日本のツチノコの話もけっこう有名である。しかしながら、にもかかわらず、これらの生きものに関する決定的な証拠はいまだない。

決定的な証拠がないだけに、私たちの夢と希望と好奇心の中に生きる動物たち。これらの生きものたちと私たちの関係は、そのようなところにあり、虚像と実像の微妙なバランスの中の不思議世界の生きものである。

●ヒバゴンの出現

ヒバゴンは、一九七〇年頃から一九七四年頃にかけて、広島県の比婆《ひば》郡にある西城町や比和町に突如出没したゴリラのような未確認生物である。この生きものは、当地の地名にあやかってヒバゴンと名付けられた。何人もの目撃者の話を集めると、ヒバゴンの特徴はつぎのようになる。

・身長一・五～一・六m、体重八〇～九〇kg、足跡二七～三〇cm。
・顔は逆三角形で、人間によく似ている。しかし、顔全体が薄い黒に近い茶褐色の毛で覆われ、目が鋭くギョロッとしている。
・頭には五cmほどの黒に近い茶褐色の毛が逆立っている。
・体も黒に近い茶褐色の薄い毛で覆われ、胸には白っぽい毛がみられる。
・動作はにぶく、人を恐れるようすはない。

逆三角形の顔をしており、目や口は大きく、顔には毛が生えていて、歯は出っ歯で、前かがみで体を左右にゆすったり、子牛のように四つんばいになったりしていたというヒバゴンは、マスコミに載ってまたたく間にチマタの話題になった。
人口流出による過疎に悩む山間部に出現したヒバゴン。西城町役場にはさっそく類人猿係が置かれ、ヒバゴン用のパンフレットも作成された。そこには、「発刊にあたって」として、「〝人間かサルか〟昭和四五年七月に出没して話題となった比婆山の謎の怪物も多数の目撃者によりその実在はより信憑性がましてきました。昭和四六年四月類人猿係が置かれ、目撃記録、情報の収集などの仕事を務めとしてまいりました。ここに経過を集約して、皆さんにご報告すると共にユニークでユーモラスな怪物「ヒバゴン」を推理してみたいと思います。殺伐とした現代社会の中で、素朴でロマネスクな夢をほのぼのと育てていただき、すこしでも失われる人間性回復のよりどころとなりえれば幸甚に存じます」とある。

●スポット

ロマンを呼んだ「ヒバゴン」

だれが名づけたか怪物「ヒバゴン」。それが広島県比婆山の出身であるだけに「ネッシー」より「雪男」よりずっと身近に感じられたし、楽しい夢を持たせてくれた。

ヒバゴンがそれらしい姿を初めて現したのが四十五年七月二十日の午後八時ごろ。比婆山「県民の森」造成地に通じる林道で、軽トラックの運転者が車の前を横切った子牛ほどの異様な怪物の発見に始まる。

三日後には早朝、畑で草刈り中の近くの農夫が物音に気づいて頭を上げると目の前に、人間ともサルともつかぬ不気味な怪物が草むらから大きな顔を出して立っていた。

続いて一週間後の七月三十日夜八時ごろ、農夫が田の水当てをしようと水門に行く途中、二十㍍先のあぜ道に人影を見た。日ごろ、もらいぶろに来る親類のおばあさんと思い込み、体が触れるほどに近づいた。「おばは」「おばあさん、気をつけなさいよ」と声をかけたが返事がない。不審に思って顔をのぞき込むとこれはしたり。〝おばあさん〟の顔はゴリラに似た怪物ではないか。転がるように逃げ帰った。

この三人の証言で、ヒバゴンの存在は一躍日本中に広まった。その後も似たような目撃者、ぬかるみ、畑、積雪上に残された足跡が何度も見つかった。

この怪物はいったい何ものなのか。「大ザルだ」「類人エンでは」「いや、山人だろう」「ツキノワグマだ」「だれかのいたずらでは」と諸説ふんぷん。目撃者たちの話もそれぞれに共通部分と食い違う部分がある。が、そこに何かが、確かにいる、つまり「ヒバゴン」の存在は動かぬ事実となった。

身長は一・四㍍から一・六㍍。全身は茶か黒か灰色の深い毛に覆われている。顔は逆三角形のぶら顔で人間の二倍くらいの大きさ。二本足で歩いたり四本足で歩いたり。姿、形相こそグロテスクだが動作は緩慢で、人間には一切危害を加えない——これが目撃者たちの話を総合したヒバゴン像である。

正体をつきとめようと神戸大、名城大などの探検部が山中にテントを張った。ヒバゴンらしい写真撮影の成功もあったが、影像が不鮮明で正体は依然として不明のままだ。

その後もヒバゴンは神出鬼没、山を越え、谷を渡って現れる。四十九年十月十一日、庄原市濁川町の県道で、新聞販売経営者と三㍍の至近距離で、車越しに数秒間にらめっこして山に駆け上がった。これがヒバゴン目撃の最後になった。

四十五年に初出現して、目撃、足跡、体毛発見などその出現例は三十五回。しかし正体はついにつきとめられなかった。

それでよかったのかもしれない。永遠の怪物「ヒバゴン」はどこへ消えたか、三年目がくる。生きていて欲しい。

目撃者たちによるヒバゴンのモンタージュ

話題になったヒバゴン
（中国新聞1977年8月1日）

町ではさっそく、このヒバゴンにあやかって、類人猿踊りを考案したり、ヒバゴン関係のグッズをつくった。ヒバゴン出没の油木地区には類人猿温泉もオープンし、類人猿関係の資料が置かれた。

世間では、怪物がこれだけ町と密着した存在となっていったことから、この怪物騒ぎには何か

ヒバゴンの目撃地点には看板もつくられた

広島版

ヒバゴンか 比和に大ザル

「人間並み、身丈は150センチ」

父子目撃 大豆畑をのしのし

先月も付近で目撃者

呉服の神田屋

対前月比で 東京上回る

大ザル報道
（中国新聞1974年９月10日）

仕掛けがあるのではないかといった憶測もでた。しかし、降ってわいたようなヒバゴン騒動は人びとにロマンを与え、探検好きの人びとの好奇心を誘った。このような人びとは、たとえヒバゴンが村おこしの仕掛けにされようと、ヒバゴンを追いかけた。

広島大学の探検部の私の後輩などは、出没地の森の木々にガムテープをグルグルに張り巡らし、ヒバゴンの毛の採取に没頭した。まわりから笑われながらも、当の本人はいたって真剣そのもので、ヒバゴンは、その方面好きに大いにロマンを与えたのである。

ヒバゴンを探す私

ヒバゴン騒ぎがあったこの時期は、大きなサルが目撃され話題になった時期でもあった。新聞記事には数人の目撃者談として、「体長は約一五〇cm前後と大きい。よくサルが出没するが、あんなに大きいのは初めて見た。真っ赤な顔で長さは三〇cmくらい、肩幅は大人なみで、毛は白けた感じ。人間より大きな耳で、肩をふるようにして四つんばいで歩いていた。見てすぐ大ザルと判断したので恐怖心はなかったが、これまでの大ザルよりも大きかった」、「体長約一四〇cm、クマのような大きな胴、赤顔の大ザルだった。毛は白けた感じで長く、茶色。この辺には大ザルが多いが、あんなのは初めて。今考えてみてもゾッとする」とある。

いくつかの大学の探検部もヒバゴン探しに加わったが、詳しいことはわからないまま数年で姿を消したヒバゴン。広島大学の探検部にいた私も何度か調査を試みたが、ナゾのまま。はたして、その正体は何であったのだろうか…。

類人猿説、大ザル説、人間（演出？）説など、いろいろな説が出されたが、今となってはまぼろしである。

●大蛇騒ぎ

大蛇騒ぎは、四国の徳島県で起きた。一九七三年に剣山山系で、長さ一〇m、胴回り一mもある大蛇を見たという地元民があらわれ、探検隊が繰り出される騒ぎがあった。その後、一九七七年にも、鳴門市の大麻山で、長さ一〇m、首の直径二〇cmの大蛇を目撃したという人があらわれ話題となった。この大蛇は、黒っぽく赤いシマ模様がはいっていたという。この地域は、一九六二年頃にも大蛇の目撃騒ぎがあったところである。アオダイショウやヤマカガシも大きくなると数メートルになるといわれるが、はたしてこの大蛇の正体は何だったのであろうか？

私の家は四〇〇年の歴史をもつ古いお寺で、お寺の仏具や家財を入れる蔵があった。この蔵にはお米の俵も入れてあって、ここには大きなヘビが棲んでいた。私の子どもの頃の話で、今から四〇年も前のことである。「家のヌシ」と呼ばれたこのヘビが、蔵の横の石畳の上を悠然と這っている姿を見て、体がカタマッタことを覚えている。アオダイショウだったと思うが、長さは二・五mほどもあったろう。当時は蔵の中にネズミなどがいて、このヌシはそれらを食べていたのだろう。

情報スイーパー

こんどは鳴門で大ジャ騒ぎ

地元の漁師が目撃　首の直径20センチ、長さ10メートル

「大ジャの太さはこのくらい」と話す横瀬さん

徳島県美馬郡の剣山山系・剣宇(きりう)峠で四年前、長さ十メートル、胴回り一メートルもある大ジャを見たという地元民が現れ、探検隊が繰り出される騒ぎがあったが、今度は鳴門市北灘町の大麻山で、首の直径二十センチ、長さ十メートルもある大ジャが目撃され話題になっている。

目撃したのは鳴門市瀬戸町北泊、漁業横瀬一夫さん[illegible]。横瀬さんの話では、さる十八日、近所の造船業山下石治さん[illegible]、漁業山田光治さん[illegible]の三人で、北灘町[illegible]蒲谷の大麻山西斜面へ盆栽用の木を探しに行った。

午後二時半ごろ、横瀬さんは[illegible]蒲谷の林道を二人と少し離れてコメツツジの木を探しながら歩いていた時、谷側の雑木の中でザー、ザーという音が聞こえ、はじめは「ウサギかイタチだろう」と気にとめなかった。

しばらくして音がやみ、ふとその方向をのぞくと、二メートルほど先の生い茂った雑木の中に、首の直径が二十センチぐらいの大ジャがいた。

大ジャは谷へ下りて行くように頭を下に向けていたが、首から一メートルほど見えただけであとは雑木に隠れて見えなかった。しかし、横瀬さんがのぞき込んだ時、大ジャも後ろを振り返るように首を横瀬さんの方に向けたという。横瀬さんは驚きのあまり一瞬声も出ず、身動きできなかったが、やっと「オーイ、大ジャがいるぞ」と叫びながら二人の方へ走った。

山下さんらも日ごろ気の強い横瀬さんの顔色が変わっていたため怖くなってすぐ逃げ帰ったという。大ジャは黒っぽく、赤いシマ模様が入っており「あの太さだと長さ十メートルはあるはず」と語っている。現場は国道11号線を北灘町折野から西へ〇キロほど入った大麻山西側斜面の中腹。

この地域では十五年前、同市、市瀬の新居徳松さん[illegible]も近くの[illegible]で大ジャを見たと"証言"しており、横瀬さんは「大ジャがいることは間違いない」と確信している。

きょうから　マイカー規制

秋の上高地で初めて

北ア・上高地へのマイカー乗り入れ禁止規制が十月一日から十六日まで実施される。夏の規制はことしで三回行われたが、秋の規制は初めて。

規制内容は夏の場合と同じで、国道158号線と上高地公園線の分岐点中ノ湯―上高地間約七キロ。長野県警や環境庁は来年からは七月下旬から十月下旬までの長期規制の方向で検討を始めており、通年規制への足がかりにしたいとしている。

デイリースポーツ社人事(1日)▽東京本社編集局長兼務・常務取締役東京本社編集担当稲元寛介▽東京本社編集局レース部長兼務・同局次長紀太久和▽東京本社編集局編集委員幹事(同報道部長)大石慈郎▽東京本社編集局報道部長(同部次長)近藤敬▽東京本社編集局編集委員(同レース部長)原子修一

デイリースポーツ事業社人事(1日)▽代表取締役(デイリースポーツ東京本社編集局長)植田信治▽取締役・相談役(代表取締役)原嶋保二

大蛇報道(デイリースポーツ1977年10月1日)

私の母の里もお寺であるが、ここにはもっと大きな家のヌシがいた。子どもの頃に遊びに行くと、お祖父さんがこのヘビの脱《ぬ》け殻《がら》を本堂の畳の上に伸ばして見せてくれた。お祖父さんが死に本堂も新築された今、この脱け殻はどこかにいってしまったという。はやくにもらっておけばよかったと悔やまれる。

アオダイショウやヤマカガシは、ときに巨大に成長したものが発見されるようである。

『山中奇談』(斐太猪之介著)という本の

中に、三m級、四m級、五m級のアオダイショウやヤマカガシの話が紹介されている。私の経験からも、実際のところ、日本のヘビもかなり巨大になることは事実である。

紀伊山地の山深いところにある奈良県下北山村では、ヌシといわれるようなヘビは特にナガムシと表現されるという。『下北山村史』に、つぎのようなくだりがある。

木に巻きつくツル

三十年ほど前に下池原の下坊の上のコシオのすぐ下の谷奥へヒノキの枝をとりに行ったら、草を分ける音がして、こわごわ見たら大きな蛇だったので、びっくりして尾を越えて井奥谷を駆け下りて帰って、谷口のいとこに「顔の色も何もない」と笑われたが、それから四、五日してその人のいとこも、井奥谷の奥の旧熊谷組宿舎の上で草を刈っていて、それらしい大きな蛇を見た。

巨大なヘビに出会ったときは、ビックリし身もカタマルことであろう。そんな異常時は、巨大なヘビが実際よりさらに巨大に見えるのかもしれない。山中などで大きなヘビを見ると、戦々恐々とし、木にからみついたツルにもビクッとすることがある。巨大なヘビの言い伝えは、実際にかなり巨大なヘビが存在してきたことと、このような異常時の心理状態によるものだろう。

巨大ヘビについては、国産のアオダイショウやヤマカガシの巨大モノに加えて、外国産の巨大モノについても検討する必要があろう。国内で飼育されていたのが遺棄されたり逃亡する、あるいは船にまぎれて持ち込まれたものが山中などにまぎれこむといった可能性である。巨大なニシキヘビなどが、そのようにして一時的に出現する可能性はないとはいえない。

近年はいろいろなペットが飼われ、飼育に困った飼い主がそれらを遺棄することがある。そのような中にはワニやニシキヘビなども含まれ、時々ニュースになる。生物多様性が重視される今日、このようなペットの遺棄は大きな問題となっている。

したがって、これからも外国産の巨大ヘビが話題になることがあるかもしれないが、日本の巨大ヘビ伝説は、やはり国産の巨大ヘビでお願いしたいものである。そうでないとロマンがない。国産の巨大ヘビの存在は、生物多様性が豊かであることを示すものでもある。巨大ヘビは、つぎに述べるツチノコ人気に劣るが、もっと注目されてもいいのではなかろうか。

ツチノコ出没?!
賞金付き"手配書"
生け捕り100万円　死体30万円　写真10万円
奈良
目撃証言が次々と
シンポや探検計画　村長「活性化ですよ」

ツチノコ報道①
（朝日新聞1988年4月5日）

●ツチノコ探し

古くから各地で目撃騒ぎを起こしてきたツチノコは、日本のまぼろしの動物たちの中では横綱級といってよいだろう。ツチノコの主な特徴としてあげられるのは、ビールびんのように太くて短い、垂直に立つ、コロコロと転がる、ジャンプして嚙みつく、イビキをかく、毒があるなどである。

一九八八年四月五日の新聞の記事から、奈良県吉野郡下北山村でのツチノコ騒ぎのようすをみてみよう。「ツチノコ出没?!　生け捕り一〇〇万円、死体三〇万円、写真一〇万円」というハデな見出しの記事は、つぎのような何人かの村人の目撃証言を紹介している。

「昨年の四月、雑木林で遊歩道の工事をしていたとき、全長五〇cmくらいのものが草むらから垂直に立って、こちらをにらんでいた。びっくりして棒で頭をたたくと、コテッと横になり、斜面を転がっていった」

「昨年の九月、畑の石段のところで会った。ツエで触ろうとすると、ウロコを将棋のコマみたいに立てた。その直後にパシッという音をたてて、マムシの形に変わった」

この下北山村には、古くから、ツチノコまたはノヅチという動物の伝承がある。『下北山村史』

にも、このまぼろしの生きものが「白蛇と同様にむしろ怪異に属するものかもしれないが、見たという人が何人もある。太さの割りにうんと短いのが特徴で、上からまくれてくる（転がり落ちてくる）という。横槌に似ているからだろうが、池原ではツチノコ、上桑原ではノヅチと呼んでいる。…このあたりの小谷など、方々にノヅチの話があり、小谷ではサイワッパ（弁当のお菜用のワッパ）ほどのまわりがあった…」と紹介されている。

　このように、下北山村は古くからツチノコの伝承がある村であったが、どちらかというとそれは村の中の話題にすぎなかった。しかし、一九八七年の目撃を契機に村議の一人がツチノコによる村おこしを思い立ち、「ツチノコシンポジウム」、「ツチノコ探検の集い」などが企画され、村役場に「ツチノコ係」が置かれると様相が変わった。「ツチノコのおかげで村のPRもでき、都会の人を村に誘うこともできる。過疎の村の活性化のためのひとつのイベントと思えばよい。ツチノコが見つかれば、一〇〇万円といわず、一〇〇〇万円程度を補正予算で組み、保護したい」という村長のコメントからもわかるように、ツチノコ

ツチノコは恥ずかしがり
奈良・下北山村で探検
発見できずでもみんな満足
総勢230人、大騒動4時間
神社でツチノコの発見を祈願、それぞれの服装で捜索に向かう探検隊員
＝17日午前8時30分、奈良県吉野郡下北山村、池神社で

ツチノコ報道②
（朝日新聞1988年４月18日）

は村おこしの目玉として外部に広く宣伝されるようになった。

そのようななか、一九八八年四月一八日の新聞記事には、「総勢二三〇人、大騒動四時間、発見できず、でもみんな満足」といった見出しで、外部から多くの人びとが訪れた「ツチノコ探検の集い」のようすが伝えられている。ツチノコファン一〇〇人、地元住民五〇人、マスコミ関係者八〇人が大騒ぎをしてツチノコを探し、成果はトカゲとヤマカガシが各一匹だけ。しかしながら、みんなそれぞれに満足したというのである。

新聞記事はさらに、「ツチノコが好きなスルメを腰に、雑木林に分け入った奈良市の会社員は、ネッシー、雪男、オロチなど未確認生物に興味があるがツチノコは一番身近な存在。妻や子に笑われながら参加したが、今度は一人で来て見つけます」、「大阪市の塗装会社社長は、ツチノコを利用した村のささやかな活性化のアピールとしても、とてもさわやか。村の人と触れ合い、おいしい山菜を食べ、汗をかいただけで十分です」といった参加者の声を載せている。

参加者の声は、「ツチノコのようなまぼろしの動物を探してみたい!」という私たちの夢と希望と好奇心を代弁してくれるものであるし、またストレスの多い現代社会で、まぼろしの動物探しが心身をリフレッシュさせる効果があることも伝えている。

3

シシ垣を掘り起こす——野獣との攻防の跡——

●シシ垣とは

私は今、「シシ垣」に凝っている。シシ垣には歴史・文化的な遺跡としての価値があり、また野生動物との共存を考える教材としての価値もあるのだが、何よりも私は、シシ垣にロマンを感じている。

「埋もれているシシ垣を掘り起こしたい！」と、思うのだ。未知のエジプトのピラミッドを発掘するかのように…。私がシシ垣にハマッているのは、このようなロマンを感じるからだ。

ところで、そもそもシシ垣とは何かについて説明しなければならない。シシ垣のシシを漢字にすると、「猪垣」、「鹿垣」、「猪鹿垣」となる。シシとは、イノシシ、シカ、カモシカといった肉が

西表島でシシ垣を調査する私

とれる野獣の古い呼称である。古くから、これらの野獣は山間の住民にとって貴重なタンパク源であったが、一方で、イノシシやシカなどは農作物に多大の被害を与える害獣でもあった。シシ垣（猪垣、鹿垣、猪鹿垣）は、これらの野獣が田畑に侵入してこないように築かれた垣のことなのだ。

今でも、江戸時代などに築かれたシシ垣の遺構が各地に残っている。当時は、今と違って電気柵やトタン柵がない時代で、石を積んだり、土を盛ったり、木や竹などを組んだりして垣を造った。

シシ垣の遺構は、関東、中部、北陸、近畿、中国、四国、九州、沖縄と全国的にひろくみられ、なかには長さ一〇キロ以上といった万里の長城のようなものもある。

●サンゴを積み上げたシシ垣

先島諸島の西表島には、サンゴを積み上げたシシ垣がある。西表島西部の祖納集落にあるシシ垣である。西表島では、イノシシは古くから重要なタンパク源であったが、ごたぶんにもれず農

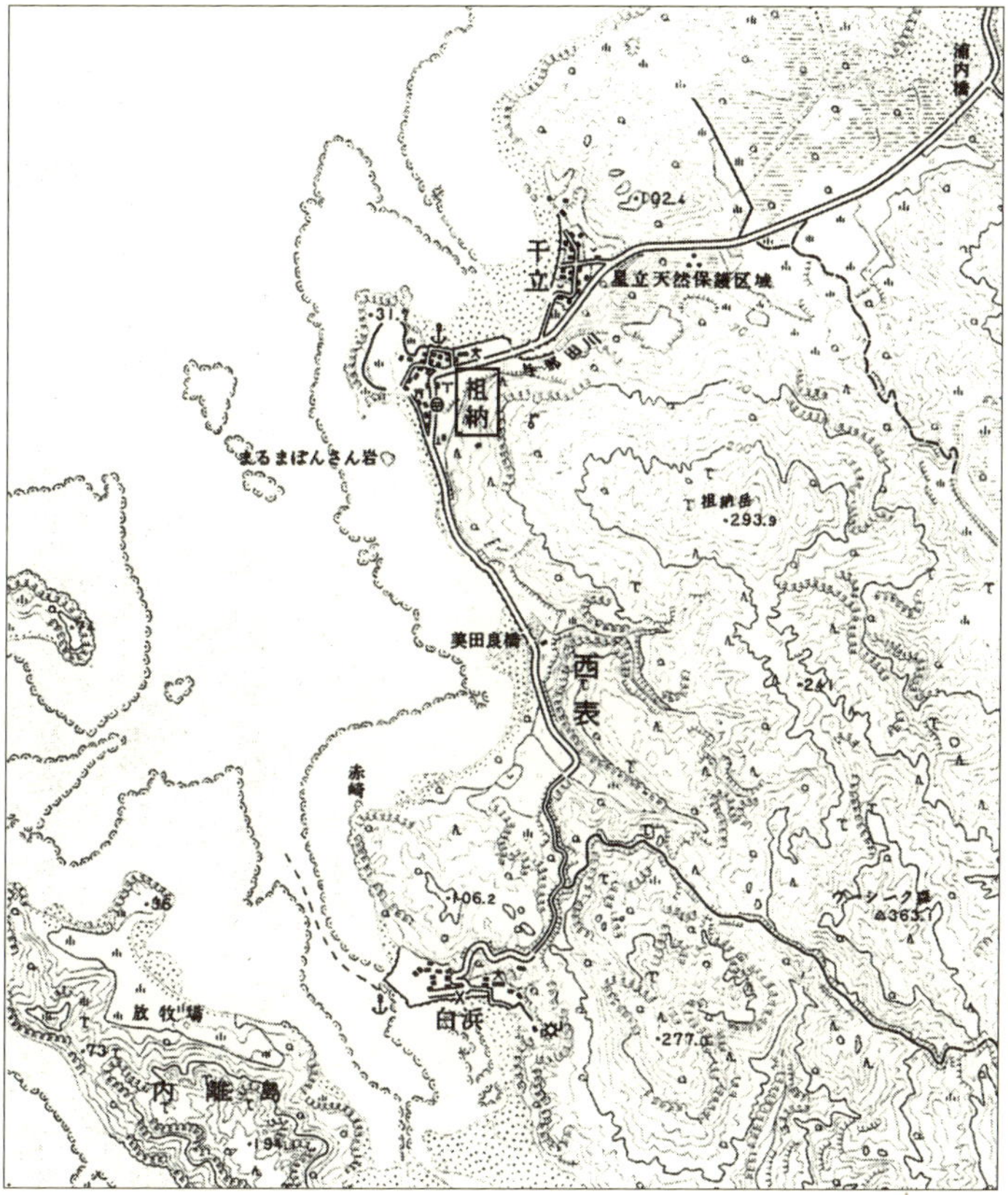
浦内橋
192.4
干立
31.9
祖納
まるまぼんさん岩
祖納岳
293.9
美田良橋
西表
赤崎
106.2
363.1
36
白浜
放牧場
73
内離島
277.0

祖納集落周辺

作物に多大の被害をもたらす野獣でもあった。

そこで人びとは、イノシシが田畑に侵入してこないようにシシ垣を造ったのであるが、その材料にサンゴが使われているのは、土地柄が反映されていてとても興味深い。

サンゴは、造礁サンゴや底棲有孔虫といった海の生きものの遺骸が積み重なってできたもので

サンゴを積んだシシ垣

砂岩のシシ垣

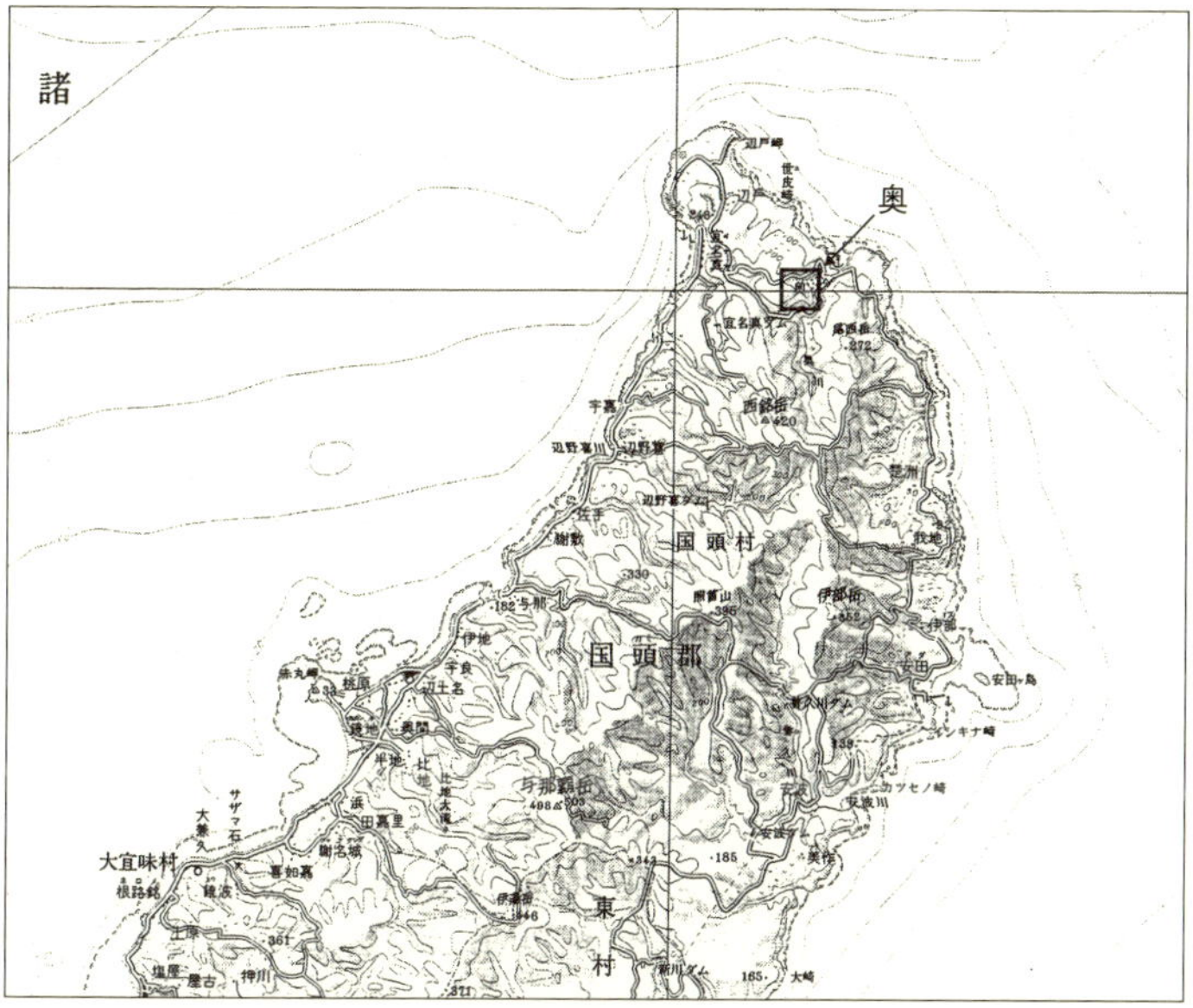

国頭村の奥集落

ある。これらの生きものは暖かい海に生息しているため、日本では琉球諸島などに典型的にみられる。

サンゴを造る生きものが多く棲む海に囲まれた西表島の人びとは、海岸付近にあるこのサンゴ石灰岩のカケラをシシ垣の材料にしたのだ。

ところで、さらに興味深いことに、このサンゴのシシ垣は山中にいくと砂岩のシシ垣へと姿を変える。山中では砂岩の石や岩が多く、ここでは手に入りやすいこれらの岩石がシシ垣の材料にされたのだ。

サンゴと砂岩のシシ垣をまのあたりにして、これらを延々と積み上げた人びとの苦労とイノシシ被害の深刻さに思いをはせていると、案内してくれた祖納の石垣金星さんが、ここにはもっとめずらしいものがあるという。サガリバナを利用したシシ垣だ。このシシ垣は、熱帯性の小高木であるサガリバナの木を密植して、それによってイノシシの侵入を防ごうとしたものである。

サンゴに砂岩にサガリバナ……、西表の人びとがイノシシの被害に対していろいろと工夫をしてきたことがよくわかる。

●イノシシサミットinやんばる奥

一九九五年一〇月二八日と二九日の両日、沖縄島の最北端にある国頭村奥集落で「イノシシサミットinやんばる奥」が開催された。この年が二〇世紀最後の亥年であったことから、当地の「山原猪研究会」が中心となって、イノシシにまつわるいろいろなイベントが催された。私は、「山原猪研究会」の中心人物であり広島大学の先輩である中村誠司さんから要請を受け、学術研究フォーラム「リュウキュウイノシシをめぐって」の講演者としてこのサミットに参加した。

このとき私は初めて沖縄島最北端の奥集落を訪れたわけであるが、当地はヤンバルクイナやノグチゲラなどの希少な生きものが生息する自然豊かなところであった。本邦初の「イノシシサミット」と銘うったイベントは、こんな素敵なところで行なわれたのだ。

イベントの中には、「奥の山と猪垣を歩く」という企画もあった。ここにもシシ垣があるのだ。

奥の集落をグルッと取り囲む大垣といわれるシシ垣は、長さが一〇㎞におよぶという。この企画で、希望者は二時間半をかけてこのシシ垣を見に行ったが、山中にとり残されたシシ垣をたどるのはたいへんだった。もちろんシシ垣のすべてを見ることはできなかったが、それでもワイルドな体験に参加者は大いに満足した。

「イノシシサミットinやんばる奥」に参加した私

奥集落で飼われていたリュウキュウイノシシの子

この大垣の構築は、明治三六年に始まった。各戸が分担して築き、一九五〇年代までしっかりと維持管理がなされていたという。しかし、一九六〇年頃からの過疎化によって維持管理が困難になり、ムラの総会で放棄を決定した。これによって、シシ垣は山中に埋もれていったが、当時のシシ垣の運用に関する管理規定や台帳は今も残っている。この台帳は他の貴重な民具類と共に

やんばる奥のシシ垣

民具資料館に集められた民具類

民具資料館に収蔵されている。集落内にある字立の資料館はとても素朴でお薦めだ。

奥集落には、集落とその周辺の田畑を取り巻く大垣の他に、集落から離れた海岸べりのウグ垣、山林内に数人のグループで造った内原垣、個人で造ったフイジ垣、焼畑地に造った明替畑垣がある。それぞれの事情により造られたものである。シシ垣の構造も、石を積んだり、上部にテーブルサンゴの棚をつけたり、木や竹を組んだりと、いろいろな工夫がみられる。いかにイノシシとの攻防が熾烈であったかがわかる。

●二七〇年前のシシ垣を求めて

滋賀県の湖西にそびえる比良山地の山麓もまた、シシ垣が多いところだ。私はここで、元文元年の古文書を見せてもらったことがある。元文元年とは、一七三六年のことである。この江戸時代の古文書に、ふたつの村が協力しあってシシ垣を造ったと書いてあった。

ふたつの村とは下龍花村と上龍花村で、現在の大津市下龍華と上龍華のことである。ところが、造ったのはよかったものの、一部が隣りの村にはみ出てしまったというのである。隣りの村とは栗原村で、現在の大津市栗原のことである。

そこで栗原村から抗議があり、下龍花村と上龍花村はその非を認め、これから先において不都合が生じた場合は、はみ出た箇所を元どおりに直すことを約束した。この古文書は、そのことを

比良山麓のシシ垣

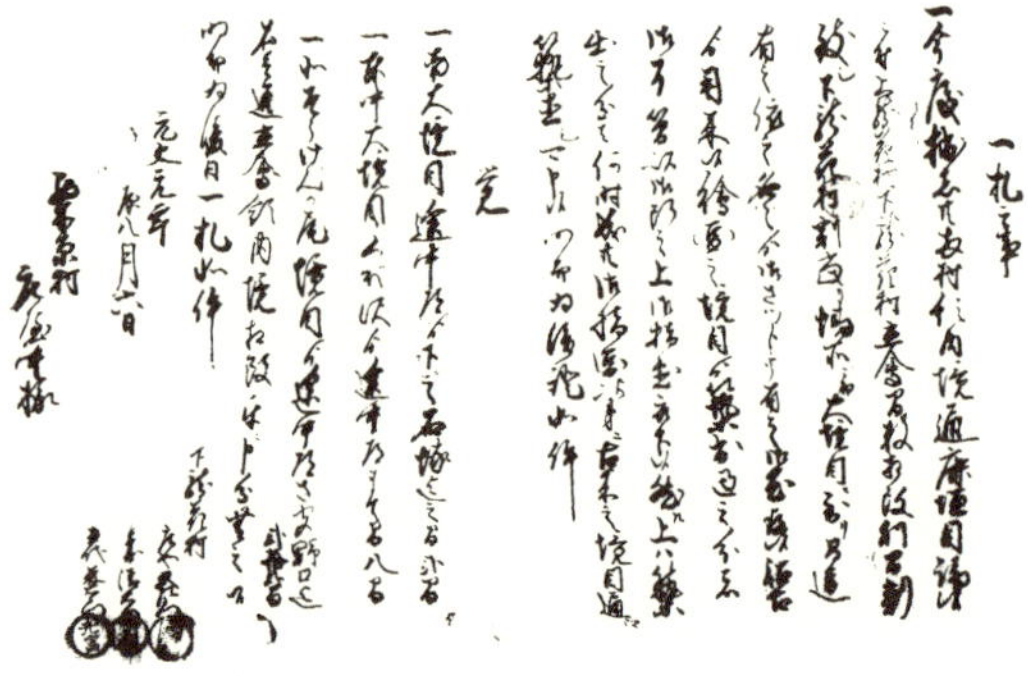

シシ垣について書かれた1736年の古文書

「覚え」として残すために作成されたものであって、下龍花村の庄屋、惣代、年寄りの村三役が、栗原村の庄屋あてに書いたものである。

私は、このシシ垣の話にとても興味をもった。なぜかというと、古文書にあるシシ垣はまだ見つかっていないと聞いたからである。この話を聞いたとき、私はまるで未盗掘のピラミッド情報

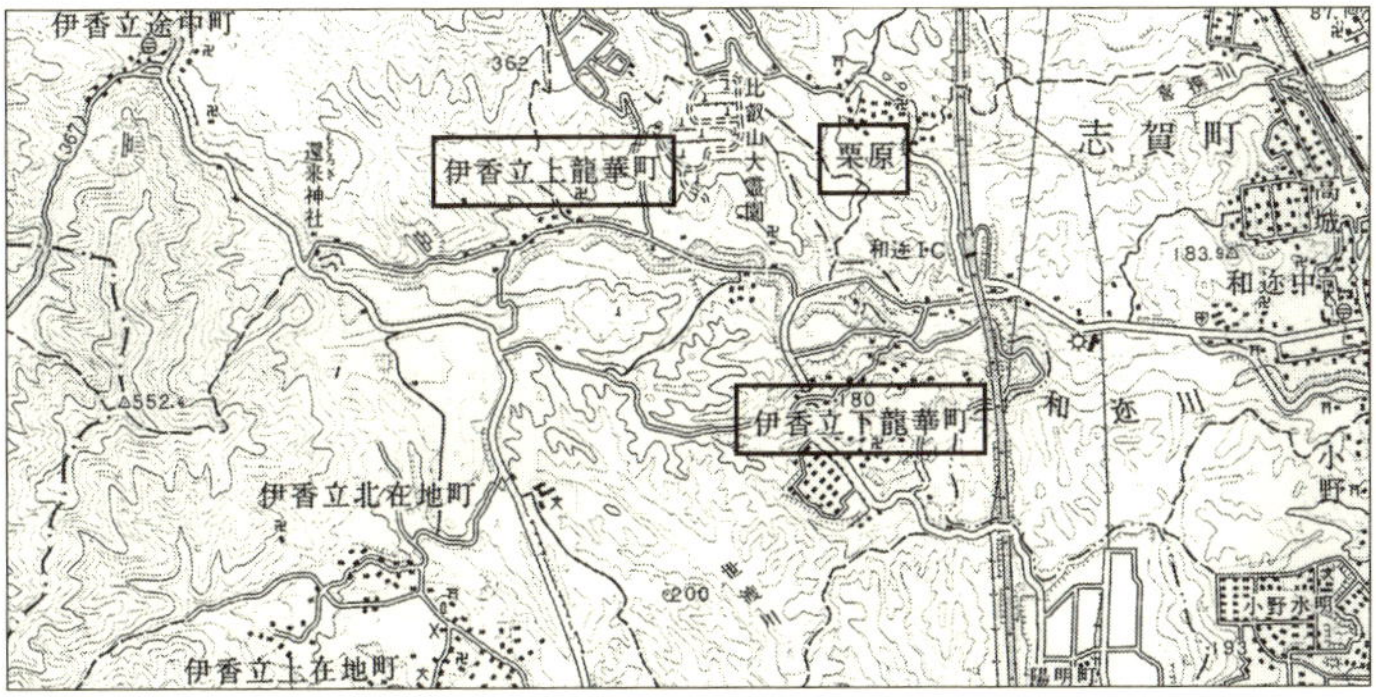

栗原周辺

を入手した考古学者のように、興奮が体内を駆けるのを覚えた。大袈裟に聞こえるかもしれないが、これは本当のことで、「ぜひ自分が見つけたい！」と、メラッとした気持ちになった。たぶん、これが私の本性なのだろう。

さっそく私は、このシシ垣探しに没頭した。古文書には、はみ出た部分が三箇所あって、それぞれの長さは二間、八間、二二間と書かれている。一間は約一・八メートルだから、そんなに長い距離ではない。

古文書の中には、手がかりとなりそうな地名がいくつかあった。「途中道」、「石塚」、「くぼ沢」、「そうけんが尾」、「させの野口」である。まずは、これらを特定する必要がある。そんなことを思い情報収集を続けていた私に、教育委員会の小熊秀明さんが当時の絵図を紹介してくれた。この絵図は、一七四三年の絵図だという。

この絵図の中に、「途中道」と「させの」があった。これでおよその場所がわかったが、ここで大きな問題が浮上してきた。三箇所のはみ出た部分はいずれも短いので、それらを探すよりは、上

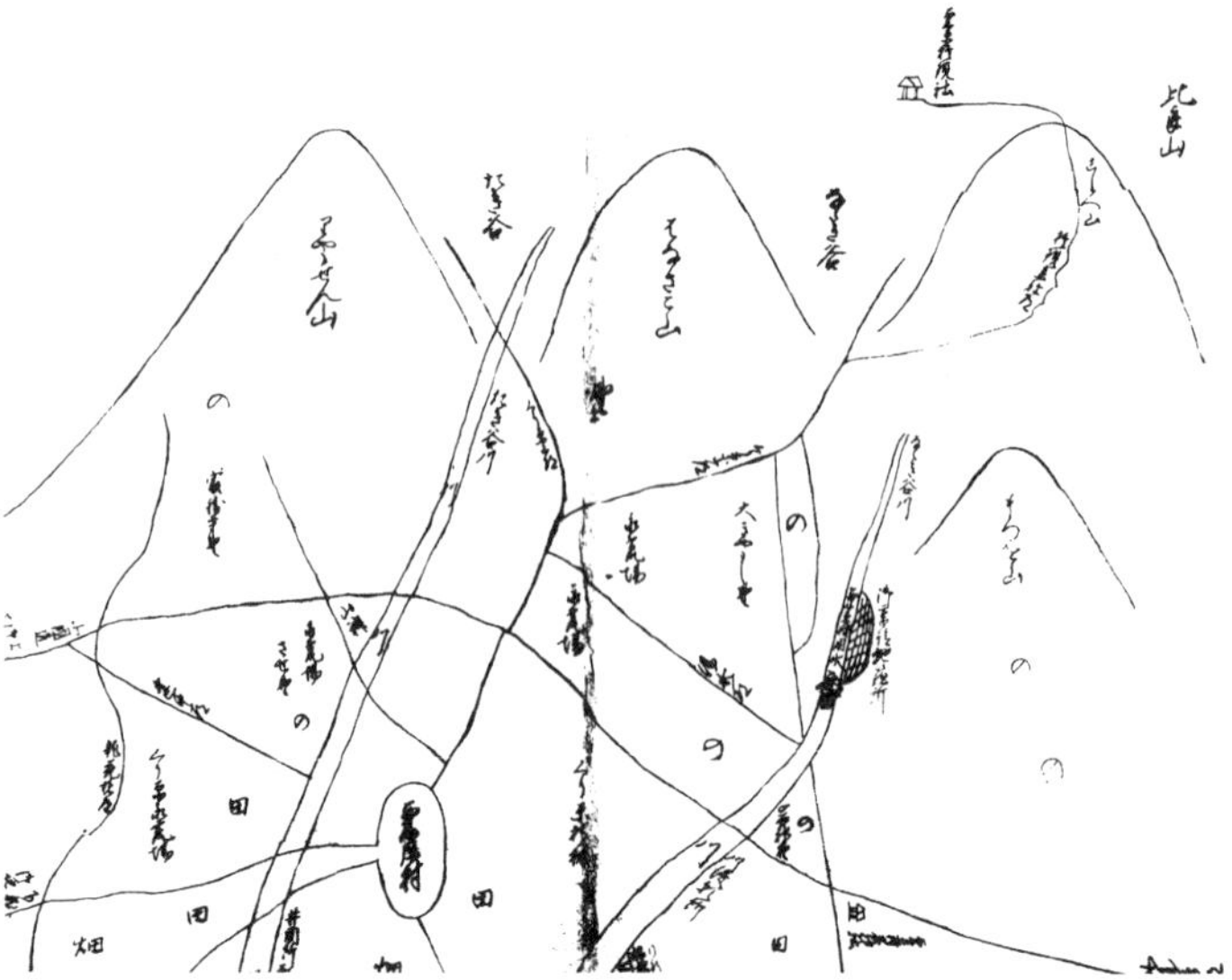

1743年の絵図

龍花村から下龍花村にかけて造られた本体を探したほうが得策だと思っていた私の思惑がみごとにハズレてしまったのである。絵図にある「途中道」から現在の下龍華方面は、今では一帯の山林が切り開かれ、比叡山延暦寺の大霊園となっていることがわかったからだ。

愕然としたが、まだ一縷《いちる》の望みはあった。大霊園の敷地は大津市龍華側だけで、栗原にはおよんでいないのだ。結局、はみ出た部分を探し当てることになったわけである。しかし、この作業は難航した。付近を何度も探査したが、シシ垣の痕跡をとどめるような石積みは見つからなかった。

そんな試みをくりかえしていた頃、下龍華側の山林所有者の榎隆さんに出会った。榎さんに二七〇年前のシシ垣の話をすると、こともなげ

榎さんとシシ垣

に「自分の山林にシシ垣がある」と言うではないか。エッ！と驚いたが、さっそくその場所に連れて行ってもらった。

榎さんの山林は大霊園の南側にあって、そこにはスギやヒノキの植林地がひろがっていた。その中に、確かに石積みのシシ垣やそれに付随したイノシシを捕獲するための落とし穴があった。

しかし榎さんは、「これらは榎家の先祖が造ったもので、村で協力して造ったものではない」と言う。「かつてここに榎家の田畑があり、それを守るためのものだった」と言うのである。

そう言われてみると、シシ垣の規模が小さい。残念ながら、探し求めているものとは違うようだ。そう簡単にはいかないナと、気をとりなおしながら、さらに山林の中を榎さんと歩いた。いつのまにか、榎さんの山林を越え、栗原の土地にやってきていた。横には、延暦寺の大霊園が見える。と、突然、榎さんの「これは何や！」という声。

急いでその方向に行ってみると、スギ林の中にひとすじの土地の高まりがあった。長さは、三〇〜四〇mくらいであろ

ひとすじの土地の高まり
（写真の中央を横に走る。スギ林の左側は、比叡山延暦寺の大霊園となっている）

うか。高さはあまりなく、高いところで一ｍくらいである。これはいったい何だろう？

スギやヒノキの植林地や山林を見慣れているベテランの榎さんは、植林地に見かける畦跡などとは違うという。榎さんによれば、かつてこのあたりはたいへんな藪地で、とても人が入れるところではなかったらしい。それが後に植林され、現在は宗教団体の妙道会の所有地となっているという。妙道会にも話をする必要が出てきた。

数日後、妙道会を訪ねると、スギの植林地の管理は栗原の空木勝海さんにお願いしてきたので詳しいことはわからないと言われた。そこで、空木さんを訪ねてみた。

空木さんは、このあたりのことをよく知っていた。このあたりには、石の塚があったことも教えてくれた。この塚は三〇㎝くらいの高さだったと言う。私は「これは、古文書の中の石塚なのかもしれない」と思った。

空木さんからはさらに、「現在は大霊園となっているところに、かつて道に沿うように高さ一mほどの土盛りが、長さ二〇〇mくらいにわたって見られた」という話を聞いた。この道は途中道と言われ、栗原からみると途中道の左手、つまり下龍華の田畑がある側に土盛りがしてあったという。

「おそらく、これが古文書にあるシシ垣のことなのだ。そして、榎さんと一緒に探し当てたものが、はみ出た箇所のひとつ（長さ二二間）に違いない。石積みでなく土盛りであったため、雨風にうたれて崩れてしまい、これまで人目につかなかったのだろう」と、私はワクワクしながら推理をすすめていった。

その後も、何人かの古老を訪ね、その他の「そうけんが尾」、「くぼ沢」、「させの野口」といった地名に関わる情報を聞き、現場にも立ち会ってもらった。そして、大霊園横のスギ林の中のひとすじの土盛りが、古文書に書かれているシシ垣の一部であることを確信していった。

埋もれているシシ垣を掘り起こすことは、一筋縄ではいかないが、とてもワクワクする。全国にあるシシ垣で、すでに市町村史誌類に記されているものや地域の文化財指定を受けているものもあるが、記録されずに山林に埋もれているものがまだかなりある。そんなシシ垣を、みなさんも掘り当てていただきたい。

●シシ垣の価値

シシ垣には、当時の農民の生活が深く刻まれており、地域の財産として極めて貴重である。これまでは、王権・豪族・貴族・武士にまつわる古墳や城郭などの遺構に人びとの注目が集まってきた。それにくらべ、農民の汗の結晶ともいうべきシシ垣はほとんど注目されずにきた。

しかし私は、シシ垣にはとても高い価値があり、もっと注目される必要があると思っている。歴史・文化的に貴重であり、地域の子どもたちの総合学習や環境学習の教材にもなる。そして何よりも、先祖がどのようにして野獣と向かい合ってきたのか、その苦労に思いをはせ、今日のイノシシやシカ、サルなどの農作物被害への対応の教訓にすることができる。

伝統的な農村社会では、住民は農作業、灌漑水路や農道の補修、害虫や害鳥獣の防除、水害対策などを協力しあって行なってきた。村落共同体がしっかりしていて、お祭りや冠婚葬祭などもみんなで一体となってやった。

シシ垣は、このような伝統的な社会にあって、田畑と里山の境界付近に、野獣の侵入を防ぐために村人が協力しあって造った垣である。ひとつの集落の住民全員が協力しあって造ったものもあれば、ふたつの集落の住民が協力しあって造ったものもある。

今の時代はどうだろうか？　兼業化、高齢化、人口流出などによって農業離れがすすみ、田畑周辺には耕作放棄地が増え、里山と里中の境界があやふやになっている。そのようななかで、イノシシやシカ、サルなどが集落周辺に近づき、里中での農業被害が多発している。

今、多くの中山間の村落が獣害で疲弊しているといわれる。しかし、獣害があるから疲弊しているのではなく、村落社会の足腰が弱っているから獣害を助長しているのではないのか。先祖が生きた伝統的な農村社会の時代は、みんなが一体となって獣害に対応していた。時代は違うが、今いちど、シシ垣の時代を振り返ってみる必要がありそうだ。ロマンに満ちたシシ垣探検は、そんなシシ垣の価値をも掘り起こしていくにちがいない。

こんな思いを胸に、私は今「シシ垣ネットワーク」を立ち上げ、ホームページを作っている(http://homepage3.nifty.com/takahasi_zemi/sisigaki/sisimein.htm)。興味ある方は、ぜひホームページも見ていただきたい。シシ垣の価値をひろく知ってもらうため、いろいろなイベントも行なっている。そして、近いうちに、本邦初の「シシ垣サミット」をやりたいと思っている。そこでは、「シシ垣百選」の選定、各自治体などへの「地域遺産」あるいは「文化財」指定にむけた要請、エコツーリズムや総合学習、生涯学習への活用、写真集の発行といったPR活動などをとりあげてみたい。シシ垣をめぐる夢はひろがる。

4 ヤマネコとイノシシの島——琉球諸島——

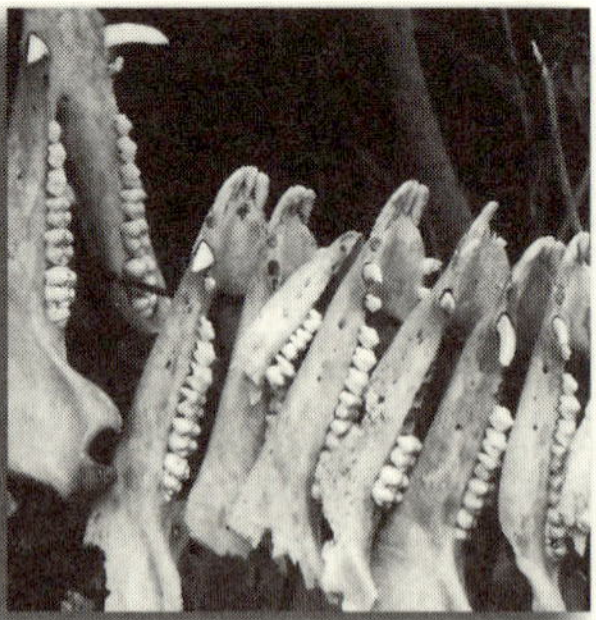

●西表島横断記

琉球諸島の南部の先島諸島に、西表島という島がある。この島は小アマゾンと呼ばれ、「ここにはワニが棲んでいる」と、まことしやかに言われる。ひろがるマングローブと鬱蒼《うっそう》とした亜熱帯性の森は、まさにアマゾンの世界である。

こんな西表島に魅せられて、私は学生時代からこの島を何度も訪れてきた。最初にやってきたのは、探検部の遠征で島を横断しようとしたときだ。仲間三人と、西表島の大原の集落から仲間川沿いに島を横断するつもりだった。川沿いに、道なき道を、とにかく西へ西へと行くつもりだった。

仲間川の河口にはスケールの大きなマングローブがひろがり、その規模は日本一といわれる。西表島のマングローブには、オヒルギ、メヒルギ、ヤエヤマヒルギ、アダンなどがびっしりと生え、岸辺にはコメツキガニ、シオマネキ、トビハゼなどが群れる。そんな西表島のマングローブの中で、ここのマングローブは最大なのだ。私たちの西表島横断計画は、この巨大なマングロー

小アマゾンと呼ばれる西表島。ここにはスイギュウもいる

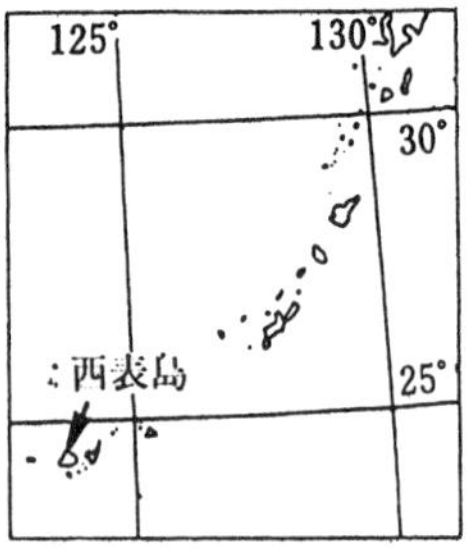

先島諸島にある西表島

ブを攻略することから始まった。

この遠征では、食料はできるだけ現地調達する計画だった。米や醤油などはもつが、特にオカズは現地調達するつもりだった。そこで、魚やカニなどを捕まえるための網や釣竿などを持参した。こんなふうにして始めた行軍は、とても印象深いものだった。

まず、最初から道に迷った。私と永田君という後輩の二人は、巨大マングローブの中で完全に道に迷った。食料を調達していたところ、キャンプ地にもどれなくなったのだ。「道に迷った」とは言ったが、ここには人間の道などない。だから、この場合は道に迷ったとは言わないのかもしれないが、自分たちがどこにいるのかサッパリわからなくなった。

悲惨であった。アダンの密生の中に閉じこめられ前進も後退もできなくなったり、ザックを背負いながら川を泳いで向こう岸に行ったり、帰ってきたり。一日中こんなことをしながら、ほうほうのていで出てきたら、そこは出発点の大原集落だった。全身ぬれネズミで汚い格好だった。外は薄暗くなっていたし、夜具もない身ではどうしようもない。おまけに空腹だ。民宿にお願いに行った。

民宿のおばさんは、ぬれネズミの二人を見てビックリした。しかし、さっそく洗濯機を貸してくれた。服に付いたドロなどで洗濯機がガリガリいっていたのを思い出す。民宿のおばさんには、ほんとうに感謝している。民宿で一息つき、私たちは翌朝心配して待っている仲間がいるキャンプ地に向かって出発した。実は、このときもまた迷ったのだが、この話をしていると進まないのでやめておく。

何とか合流してから、山中を歩いてはキャンプを張る生活が続いた。リュウキュウイノシシが掘り返した跡、愛嬌者のキノボリトカゲ、足元にころがるセマルハコガメ、これが食べられたらどんなに美味だろうと思わせるツヤツヤしたクワズイモなどが目を楽しませてくれる。

西表島の亜熱帯性の森には、ビロウ、ヤエヤマヤシ、イタジイ、ウラジロガシなどの木々とそれにまとい付くツルやカズラなどがみられ、外側から眺めるととても雄大で魅力的だ。なかなかお目にかかれないが、イリオモテヤマネコやヤエヤマオオコウモリなども棲んでいる。しかし、森の中を何日も道なき道を行軍するのはけっこうたいへんだ。

最初の頃は、「毒蛇のハブに気をつけよう」と山歩き沢歩きも慎重だったが、そのうちに、バキバキとブッシュを掻き分けドンドンと踏み込んでいくようになった。「ハブも怖い

亜熱帯性の森の中でキャンプをする私たち

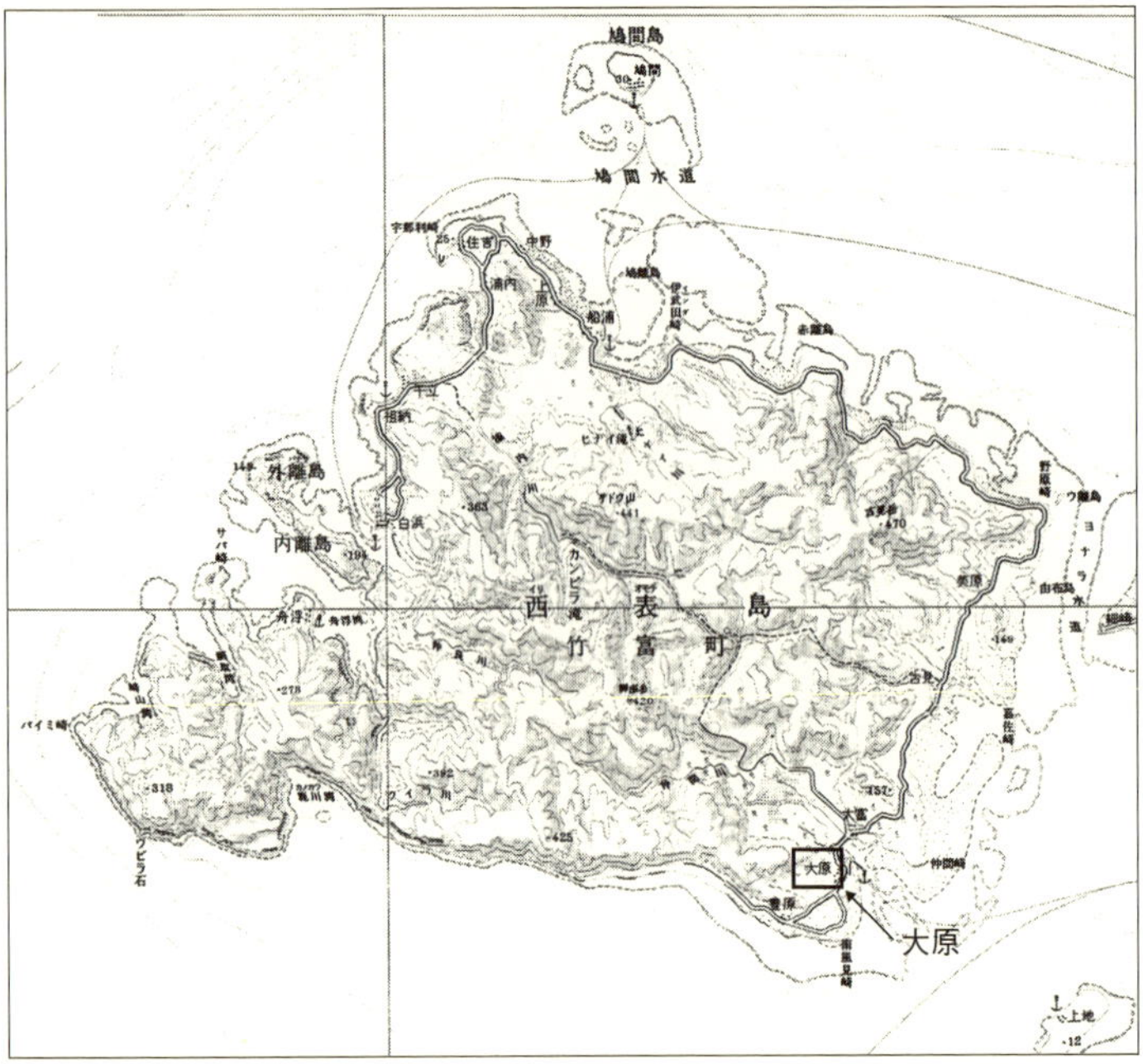

西表島

のだが、そんなことを言っておられヌ。だんだんと疲れてくるし、とにかく前進なのダ！」と、いった感じになってくるのである。

　キツイ行軍のあとの楽しみは食事で、その楽しみをささえてくれるはずだったのが現地調達のオカズである。しかし、現実は厳しく、現地調達はほぼ空振りだった。一度、大きな毛蟹を捕ったことがあったが、これは偶然だった。朝起きると、キャンプ地の食器類が無くなっていた。探してみると、近くの川の中にあるではないか。不思議に思ってよく見ると、大きなカニが岩の陰にいる。このカニが、前夜の食事に使った食器を川の中に引きずり込んだのだ。カニにとってはとんだことで足がついてしまったわけで、たちまち御用となった。

ところで、前にも述べたように「マングローブや亜熱帯性の森がひろがる西表島にはワニがいる」というウワサがあった。事実、ここにはワニの言い伝えがある。昔、鹿川村にワニがいたというこのような話である。

「あるとき、鹿川村の浜のアダンの茂みの下に、大きな動物が寝たような跡が五、六カ所もあるのを村人が見つけました。砂に残った跡からすると、うろこがある動物のようです。村人は不思議なこともあるものだと思いました。そんなある日、……サンゴ礁のくぼみに、形はヤモリに似て人間ほどもある怪物がいました。干潮を待って、魚を酔わせる毒であるイジョーキの皮をつぶしてくぼみに入れました。槍で突いてみると、この怪物は毒に酔った風もなく、リーフの上に四足であがってきます。槍で突いても刃が立たず、男たちはわれがちに斜めになっているペーブ石の上に逃れました」（川平、一九九〇）。この怪物は、ヤモリのような形をしていて、人間ほどの大きさがあったというから、ワニだったのだろうと言われている。

西表島の周辺をみわたすと、イリエワニといわれるワニが東南アジア方面に分布している。このワニは海水の中もよく泳ぐ。したがって、このようなワニがやってきたのかもしれない。イリエワニは全長六mにも達し、人食いワニとしても知られているから不気味だ。

西表島の海岸にはきれいなサンゴ礁がみられ、色鮮やかなスズメダイ、カサゴ、ツノダシ、ク

イリエワニ

マノミなどが泳いでいる。こんなところに人食いワニが潜んでいたらたいへんだ。鹿川村の怪物は、大勢の村人たちで何とか仕留めたというが、全長六mクラスの大物だったらタダではすまなかっただろう。このような大物が私たちの前に現れたらと思うと、ゾーッとする。

　こんな話をテントの中でしていたところ、つぎの朝になって目が醒めると、なんと四人とも顔面が醜く腫れあがっていた。これには驚いた。最初は自分の顔が腫れあがっているのに気づかず、相手の変な顔を笑っていた。しかし、そういう自分も何だか変だ。目を大きくひらくことができない。なんのことはない、自分の顔も腫れていて、目が半分つぶれているのだ。

　何にやられたのか？　虫に刺されたのだろうか？　よくわからなかった。それにしても、全員が顔を腫らすとはめずらしいことだった。

こんなふうにして、私の最初の西表島への旅は終わっていった。大原のマングローブから始まり、どこをどう歩いたかわからないままに西の海岸に出てきた。四人が無事であったことが何よりだった。それにしても、もう二度とあの道はたどれまい…。

●ヤマネコとイノシシの島

西表島は、イリオモテヤマネコが生息する島として有名だが、この島は通称、「ヤマネコ三〇〇、イノシシ三〇〇〇、人間三〇〇〇」の島と言われてきた。この表現は、ここでは「人とヤマネコとイノシシが一緒に住(棲)んでいる」ということを言い表している。

イリオモテヤマネコは、西表島にのみ生息する日本固有の動物である。一九七七年に国の特別天然記念物に、また一九九四年には国内希少野生動物種に指定された。このヤマネコは体長六〇~八〇㎝、体重三~四kgほどの大きさで、首の後ろから額にかけて黒と白の縦じまがある。クマネズミ、キノボリトカゲ、シロハラクイナ、昆虫、川べりの甲殻類などを食べているといわれ、標高二〇〇m以下の川沿いや海岸近くを主な生息地としている。

ヤマネコというと、西表島の山奥に人知れず棲んでいる野生のネコというイメージがあるが、実際はそうではない。むしろ、集落や田畑の周辺に接近してきた動物である。集落や田畑のまわ

イリオモテヤマネコ（村田行氏提供）

りは、食べ物を求めてネズミや野鳥などが集まってくるところであり、ヤマネコもそれらを狙ってやってくるというのが西表島の自然な姿である。このようなヤマネコを、西表島の人びとは「ヤママヤー」と親しみをこめて呼ぶ。

古くから西表島の人びとは、このようにしてヤマネコと共存してきたといえよう。ところが、近年になって島の周囲をとりまく道路が整備され、車の交通量が増加するにつれ、ヤマネコの交通事故が増加してきた。

亜熱帯性の森林に覆われ深い山がつらなる西表島では、島の中央部に集落が発達することはなく、海岸部にいくつかの集落が点在してきた。かつてはマラリアが猛威をふるい、途絶する集落もあった。集落と集落を結ぶ陸路は険しいため、もっぱら人びとは船で人や物資を運び、集落間を繋いできた。このような過酷な環境を生きてきた島の人びとは、集落を結ぶ舗装された道路の完成を大いに喜んだ。

しかしこの道路は、集落や田畑周辺にやってきていたヤマネコのルートを横断することになった。そのため、ヤマネコの交通事故が目立つようになった。資料によれば、一九七八年から二〇〇一年の二四年間に、交通事故が三四件発生している。生息数が一〇〇頭ほどといわれるヤマネコだけに、交通事故死するヤマネコの数は見過ごせないレベルにある。

「イリオモテヤマネコとびだし注意」の標識

一九九一年一一月に発生した事故を紹介しよう。このときは、大型バスにはねられオスの成獣が死亡した。このヤマネコは、集落付近で道路わきから飛び出し、通りがかった大型バスにはねられた。輪禍はヤマネコばかりでなく、特別天然記念物であるカンムリワシにもおよぶ。同年一二月には、獲物を狙って電柱上から急降下したカンムリワシが、通りかかったレンタカーの天井部にぶつかり死亡した。カンムリワシの輪禍はヤマネコにくらべると少ないが、西表島で食物連鎖の最高位に位置する野生動物たちの交通事故は大きな問題だ。当地では、ヤマネコがよく道路を横断する箇所に「イリオモテヤマネコとびだし注意」の標識を設置し、また交通事故防止キャンペーンも実施している。生活が便利になったかわりに、西表島の人びとにとっ

琉球諸島にはリュウキュウイノシシがいる

てはヤマネコとの共存に新たな問題が浮上してきたわけである。この問題はもちろん、レンタカーを借りて島を見学する島外の人びとも知っておかねばならないことだ。

さて、目をイノシシに移してみよう。西表島には、島のイノシシと人びとの関わりをみごとに教えてくれる人がいる。祖納集落に住んでいる石垣金星さんだ。そう、サンゴと砂岩のシシ垣を案内してくれた人物だ。祖納に生まれた金星さんは、西表島の人びとが自然の恵みの中でいかに暮してきたのかという民俗を、有志と共に掘り起こしている。

西表島ではイノシシのことをカマイと言う。あるいはヤマシシと言うこともある。特に祖納のイノシシは、スネカマイと言われる。祖納は、ヤマトではソナイと言うが、西表の言葉ではスネと言う。だから、「祖納のイノシシ」は「スネカマイ」となるのだ。

金星さんは、「西表島の人びとは、古くからカマイと食いつ食われつの共存共栄の仲良しの関係にある」と言う。どういうことかというと、イノシシはときとして田畑の作物を食い荒らす困り者だが、冬になると島の人びととの胃袋を満たしてくれる貴重なタンパク源となり、島の人びとの生活と命を支えてくれた。だから、多少イノシシの農業被害があっても、まわりまわって自分たちの胃袋に入るのだというイノシシ観がある。これが、食いつ食われつの共存共栄の思想だ。西表島でのイノシシ料理には、刺身やカマイ汁がある。カマイ汁は、内臓、骨、肉をぶつ切りにし、大きな鍋に入れて炊く。

捕獲されたイノシシの下顎

イノシシ猟では、山の入り口で山の神に対して、「山の幸であるイノシシを分けてください」と祈願《ニンガイ》をする。イノシシが捕れたときは神に感謝をし、つぎの猟でもイノシシが捕れますようにと祈願をする。このような山の神に許しを請い分け前をいただく行為と感謝の中に、西表島の人びとの生きざまが凝縮される。

●イノシシ猟と古老

琉球諸島の北部は沖縄諸島といわれる。沖縄諸島の中心は、県庁所在地の那覇がある沖縄島だ。この沖縄島の北部にある東村に、イノシシ猟の名人がいる。金城平勝さんだ。

東村は、山原《やんばる》といわれる沖縄島北部に位置し、村には広大な

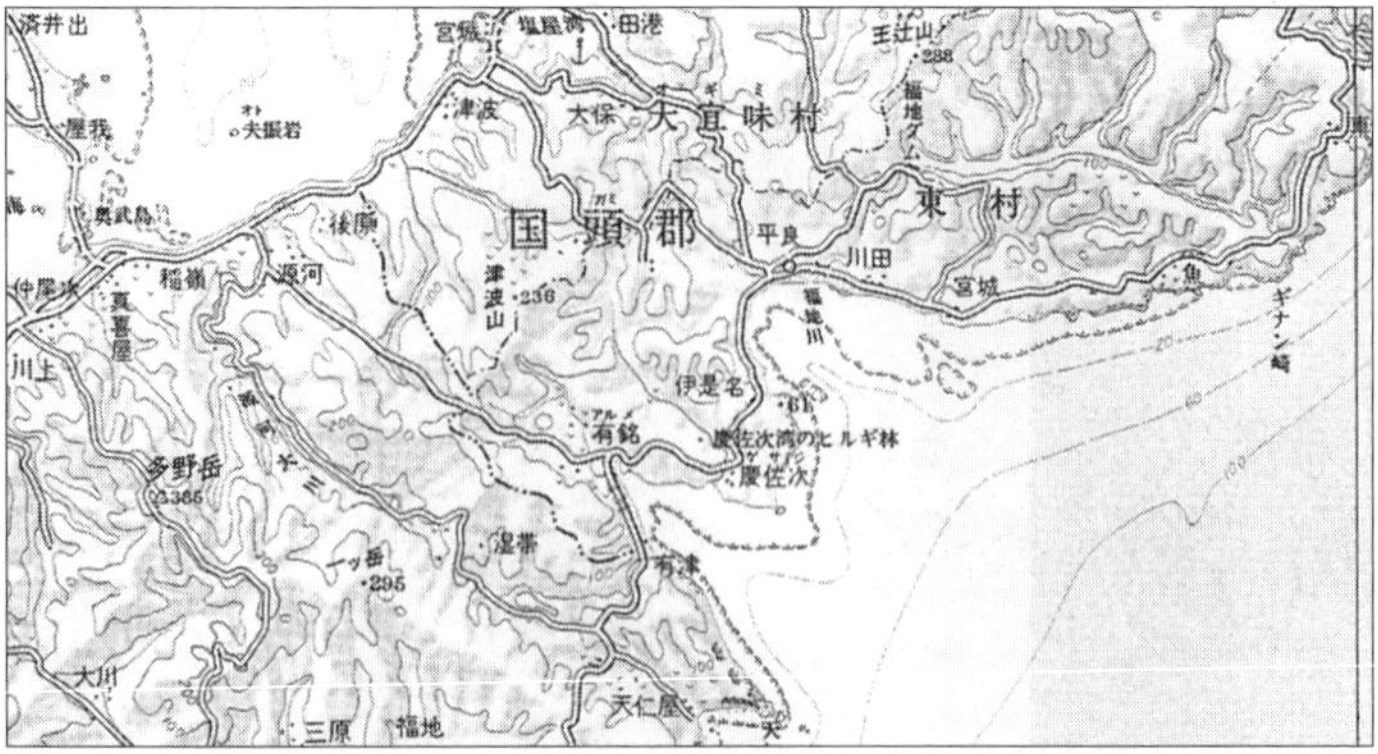

東村周辺

村の天然記念物サキシマスオウノキ

山地がひろがる。最近まで、陸上交通が困難なため「陸の孤島」とされ、もっぱら船によって人や物資が運ばれていた。

広大な山地にはイタジイ、タブノキ、リュウキュウマツなどの亜熱帯性の森がみられ、ここには村指定の天然記念物であるみごとなサキシマスオウノキがある。

ここに住む人びとは、この広大な森に棲むリュウキュウイノシシを狩猟の対象としてきたが、なかでも金城さんは「山原にその人あり」と聞こえたイノシシ猟師なのだ。大正生まれの金城さんは八〇歳を超えた古老であるが、まだイノシシ猟を続けている。

金城さんと猟犬
（右手に槍，左手にホラ貝をもっている）

そんな金城さんにぜひ会いたいと、私は東村を訪ねた。金城さんのイノシシ猟は、インビチと言われる。インビチとは、イヌと槍による猟のことである。イヌと槍で、これまでに五〇〇頭以上のイノシシを捕ったという。さっそく、金城さんに猟犬と槍を見せてほしいと言うと、すぐに自宅の裏に案内してくれた。

そこには、勇猛なイヌが六頭いた。私には

すごい勢いで吠えるイヌたちも、金城さんにはシッポをふる。この勇猛なイヌたちと槍でイノシシをしとめてきたのだ。

前頁の写真の一番右奥にいるイヌ（オス）が、大将犬だ。大将犬は群れを統率し、最後にイノシシをしとめる役割をになう。匂いをかぎ、イノシシを探し出す役割のイヌもいる。イヌにはいろいろな役割があるが、最後は探し出したイノシシを包囲する中で、大将犬がイノシシの急所を狙ってとびかかる。大将犬は、イノシシの急所に食らいついて動きを封じたり、小型のイノシシなら噛みついて倒してしまう強者だ。このイヌとイノシシの攻防の間隙をぬって、金城さんが槍でしとめるのである。金城さんは、散らばったイヌを集めるときホラ貝を使う。槍とホラ貝を使うインビチは、まさに古き時代を彷彿させるイノシシ猟だ。

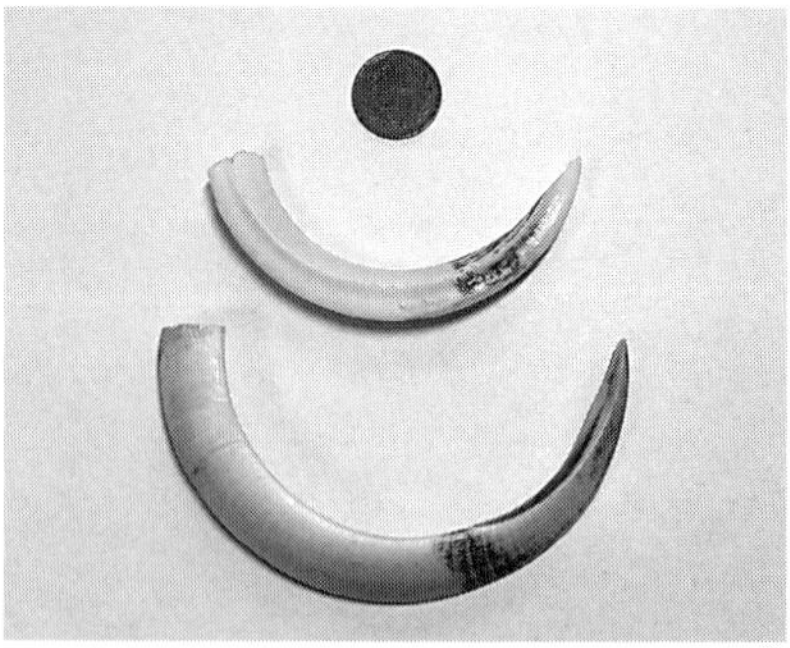

イノシシの鋭い牙

イノシシの急所は首すじにある。大将犬は、正面や首の下のほうから首すじに食らいついたのではイノシシの鋭い牙にやられてしまうので、横あいや後方から馬乗り状態になって首の上部に噛みつく。他のイヌたちも、ここぞとばかりに横っ腹や足の付け根付近に食らいついて加勢する。しかし、イノシシが回転して身をひるがえす速さも尋常ではない。

このようなバトルで、猟犬がイノシシの牙で命を落とすことも多い。金城さんは、「斧《おの》型のイノシシは要注意だ」と言う。斧型のイノシシとは、頭部から肩のあたりが逞《たくま》しいオスのイノシシのことだ。この種のイノシシは、パワフルで動きもすばやい。そして、牙も鋭い。このようなイノシシは猟犬キラーなのだ。

したがって、オスの大物イノシシとの攻防はまさに死闘になるが、金城さんはこんな話もしてくれた。大将犬が六八kgもの大物イノシシを倒した話だ。リュウキュウイノシシは本土のニホンイノシシと比べると小型で、このあたりで捕獲されるものは三〇kgくらいのものが多い。だから、六八kgというと超大物である。金城さんでも六〇kgを超えるイノシシは、これまでに三〜四頭しか捕ったことがない。

ところが、この大物イノシシは大将犬に睾丸を食いちぎられ、あえない最後をとげた。オスのイノシシは睾丸も急所になるのだ。この死闘では、大将犬がみごとに睾丸に食らいついた。睾丸を食いちぎられたイノシシは、ガエー、ガエーとメスのような鳴き声をあげ、二〇分くらいで死んだという。

金城さんは、イノシシを捕ることに無上の喜びを感じると言う。とにかくイノシシを捕るのが好きだと言う。イノシシが大物であるかどうかなどは何も考えない、ただ捕ることが喜びであると言う。

こんなふうに書くと、金城さんは四六時中イノシシ猟のことしか頭にない人のように誤解されるかもしれないが、そうではない。金城さんにとってイノシシ猟は、深く生活に根ざしたものである。

イノシシ猟に出かけるときは、台所の火の神に猟の無事と大猟を祈願する。火の神には塩が供えられる。また山の入り口でも、猟の無事と大猟を祈願する。そして、イノシシを捕るたびにそ

台所の火の神

仏壇

の肉汁を仏壇に供え、「ジキガフーシミチクィミソーリ」と唱える。イノシシが捕れたことを感謝し、つぎもまたイノシシが捕れるようにと祈願をするのである。この御願（ウグワン）は奥さんの役目である。

このような祈願と感謝の中でイノシシに恵まれたことに無上の喜びを感じているのが、金城さんだ。「イノシシは神からの恵みである」という風土が、ここにもあるのだ。

5　捕鯨と戦争と野豚——小笠原諸島——

●小笠原諸島のロビンソン・クルーソー

次頁の英文は、一八二七年に小笠原諸島に来航したビーチ艦長率いるイギリス軍艦の航海記である。この航海記には、つぎのようなことが書かれている。

……我々が小笠原諸島の父島に上陸すると、驚いたことに二人の男がいた。彼らはイギリスの捕鯨船ウイリアム号の乗組員であった。船が難破したため、その船の板やボルトを使って港の南側に家を建て住んでいた。彼らはここに既に八ヶ月間住んでいて、ブタやハトを飼い、畑ではカボチャ、スイカ、イモ類、豆を作っていた。また、湾の別のところに四〇本の

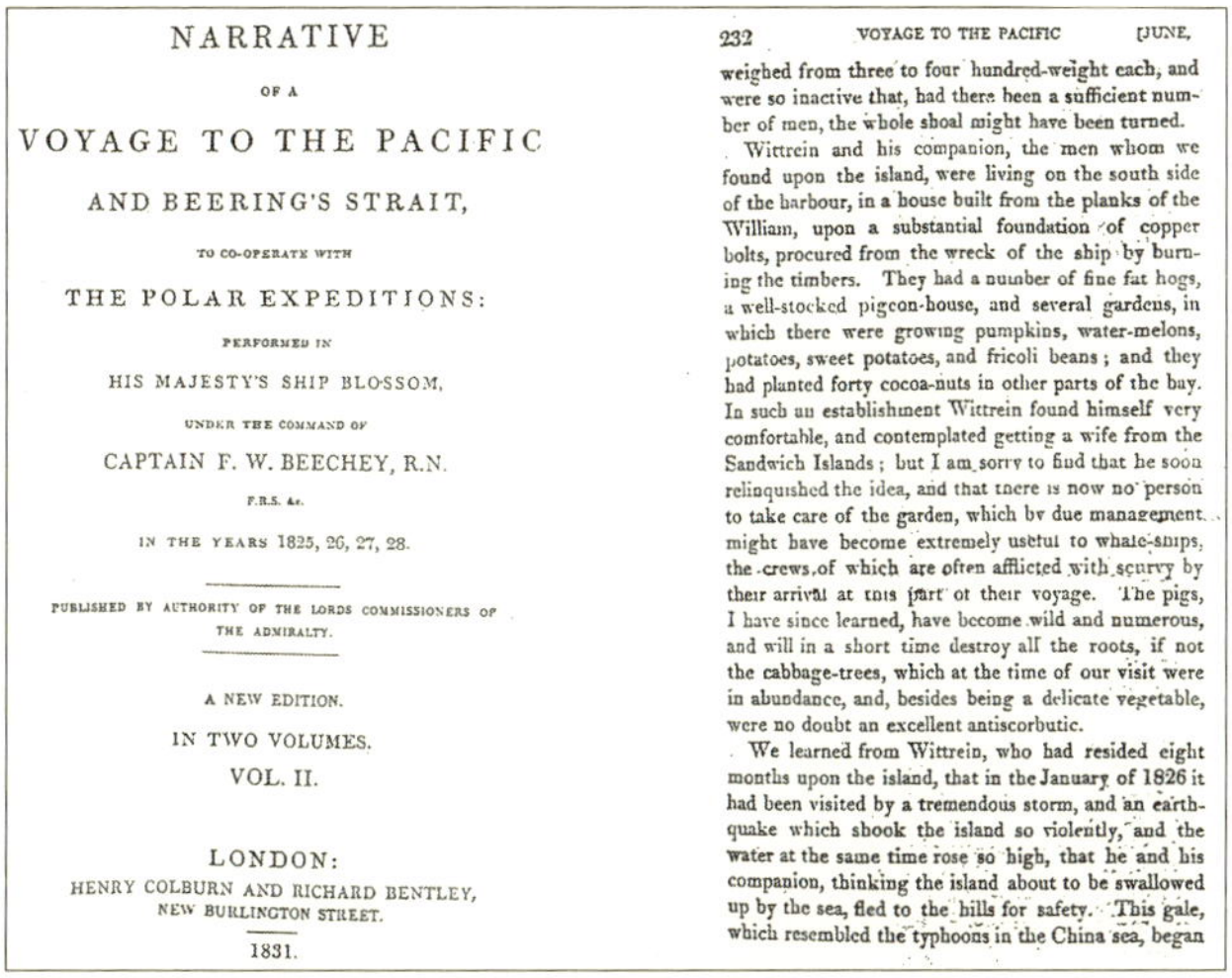

NARRATIVE

OF A

VOYAGE TO THE PACIFIC

AND BEERING'S STRAIT,

TO CO-OPERATE WITH

THE POLAR EXPEDITIONS:

PERFORMED IN

HIS MAJESTY'S SHIP BLOSSOM,

UNDER THE COMMAND OF

CAPTAIN F. W. BEECHEY, R.N.

F.R.S. &c.

IN THE YEARS 1825, 26, 27, 28.

PUBLISHED BY AUTHORITY OF THE LORDS COMMISSIONERS OF THE ADMIRALTY.

A NEW EDITION.

IN TWO VOLUMES.

VOL. II.

LONDON:
HENRY COLBURN AND RICHARD BENTLEY,
NEW BURLINGTON STREET.

1831.

232 VOYAGE TO THE PACIFIC [JUNE,

weighed from three to four hundred-weight each, and were so inactive that, had there been a sufficient number of men, the whole shoal might have been turned.

Wittrein and his companion, the men whom we found upon the island, were living on the south side of the harbour, in a house built from the planks of the William, upon a substantial foundation of copper bolts, procured from the wreck of the ship by burning the timbers. They had a number of fine fat hogs, a well-stocked pigeon-house, and several gardens, in which there were growing pumpkins, water-melons, potatoes, sweet potatoes, and fricoli beans; and they had planted forty cocoa-nuts in other parts of the bay. In such an establishment Wittrein found himself very comfortable, and contemplated getting a wife from the Sandwich Islands; but I am sorry to find that he soon relinquished the idea, and that there is now no person to take care of the garden, which by due management might have become extremely usetul to whale-snips, the crews of which are often afflicted with scurvy by their arrival at tnis part of their voyage. The pigs, I have since learned, have become wild and numerous, and will in a short time destroy all the roots, if not the cabbage-trees, which at the time of our visit were in abundance, and, besides being a delicate vegetable, were no doubt an excellent antiscorbutic.

We learned from Wittrein, who had resided eight months upon the island, that in the January of 1826 it had been visited by a tremendous storm, and an earthquake which shook the island so violently, and the water at the same time rose so high, that he and his companion, thinking the island about to be swallowed up by the sea, fled to the hills for safety. This gale, which resembled the typhoons in the China sea, began

イギリス軍艦の航海記

ココヤシの木を植えていた。二人のうちの一人はこのような生活に満足し、ハワイ諸島から妻を迎えようとしていた。

しかし残念なことに、この人物はこの企てを実行することはなかった。そのため、今では畑の世話をするものもいなくなった。もし、彼らが畑や家畜の世話を続けていたら、捕鯨船の乗組員にとってたいへんありがたいことであった。なぜなら、この海域で捕鯨を行なう船乗りはたびたび壊血病におちいっていたので、島に立寄って新鮮な野菜、果物、肉を手に入れることができるとたいへんありがたかったからだ。世話をするものがいなくなったので、飼われていたブタも野生状態になって繁殖しているというではないか……。

当時は無人島であった、小笠原諸島の中の小笠原群

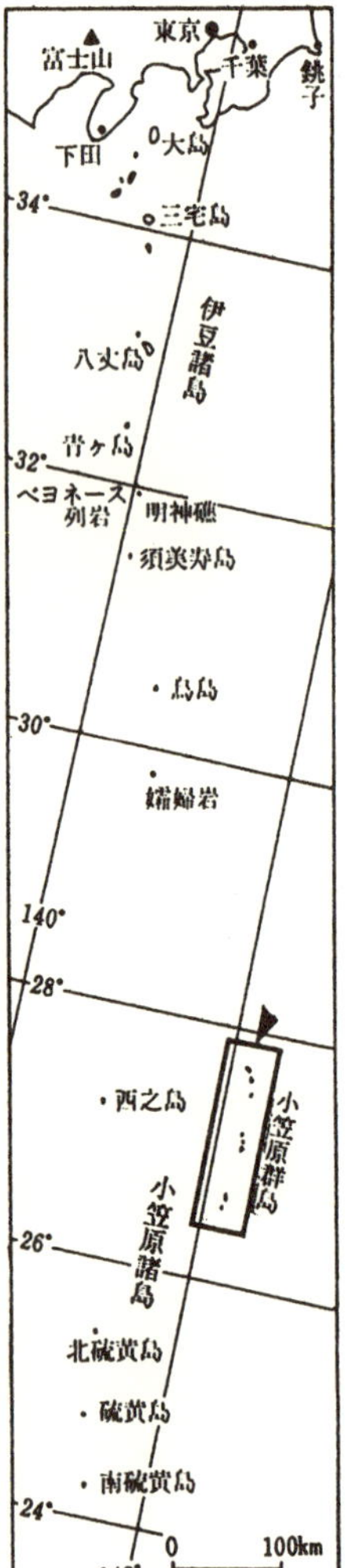

小笠原諸島

島にある父島に、ロビンソン・クルーソーのような生活をしていた男たちがいたというくだりで始まるこの航海記をみると、その頃、この海域で捕鯨が盛んであったことがわかる。当時の捕鯨は、大型の帆船と小型のボートを使ってクジラにモリを撃ち込む帆船式捕鯨で、その最大の目的は鯨油にあった。まだ石油がない時代で、灯火のほとんどを鯨油に頼っていたことから、捕鯨は極めて重要であった。

ひろい太平洋でクジラを捕る捕鯨船には、水や新鮮な食料を補充できる場所が必要であった。その役割を主にハワイ諸島が担っていたが、さらに小笠原諸島も注目されていた。ここには天然の良港と水があったからである。当時の小笠原は、まさに捕鯨をめぐる表舞台にあった。

また、こんなふうにも注目されていた。一八五三年に当地を訪れたペリー提督の遠征記にある「小笠原諸島についての覚書」をみてみよう。

余が小笠原諸島を訪問したるときは、同諸島の横たはる太平洋附近を航海する船舶の集散地点として、殊にこの地帯を航行する捕鯨船の避難港及び供給港をなすところとして、並に日本を経由してカリフォルニアと支那間に疑もなく遠からず確立さるべき汽船航路上の貯炭所として重要なる所なりとの観念を強く抱きたりき……

ペリーが率いた船団は、蒸気機関をもつ外輪帆船であった。この船は石炭を補給する必要があり、太平洋を無補給で航海することはできなかった。そのためペリーは、小笠原諸島を訪れたときに、父島で石炭の貯炭所のための敷地を購入している。その相手は、島に住んでいたナサニエル・セーボレーであった。

●小笠原諸島に定住した人びと

ナサニエル・セーボレーは、アメリカ生まれの欧米人で、一八三〇年に仲間四人とハワイの先住民二〇人ほどを連れて父島にやってきた。そして、定住生活を始めた人物である。イギリスの捕鯨船ウイリアム号の乗組員二人が、一八二八年に父島にやってきたロシアの探検家リュトケの船で島を去ってから間もなくのことであった。

彼らは海で魚を捕り、農作物や家畜を育て、捕鯨船に水、野菜、家畜などを売って生活をして

瀬堀エーブルさん

いた。小笠原諸島は捕鯨船の寄港地として注目されていたところであり、彼らと捕鯨船との交易が続いた。ペリーは、このような定住者たちの指導的人物であったナサニエル・セーボレーと貯炭所の敷地の交渉をしたのである。それまでは漂流者しかみられなかった小笠原諸島であるが、このようにして捕鯨船と交易する定住者が現われた。

彼らの子孫は、今も小笠原諸島に住んでいる。小笠原諸島は、その後日本の領土となり、八丈島や本土などからも人びとが移住した。現在の小笠原諸島は、行政的には東京都の小笠原村に属する。小笠原村の電話帳をみると、欧米系の人びとと本土からの移住者が一緒に住んでいることがわかる。「せ」の欄には、セーボレーという由緒ある名前も並んでいる。

私は、最初に小笠原諸島を訪ねたとき、瀬堀エーブルさんと瀬堀信一さんにたいへんお世話になった。一九九〇年のことである。二人とも名字が「瀬堀」となっているが、これはセーボレーを漢字にしたものだ。「信一」さんも、もとの名はヘンリックだと教えてくれた。二人とも、由緒ある小笠原開拓者の流れをくむ人たちだった。

●戦争と野豚

私が小笠原諸島を訪ねたのは、野生化しているブタについて調べたかったからだ。この図を見てほしい。これは、一八八八年に出された『小笠原嶋要覧』に記載されている野豚である。まるでイノシシのような姿をしている。左側の野豚にはりっぱな牙があり、顔面から肩にかけて逞しい体つきをしている。これはオスだ。手前の野豚は顔面が比較的小さく、乳首が目だっている。これはメスだ。双方ともタテガミがあり、リアルに描かれたこの二頭の野豚は、まさにイノシシのような動物である。

『小笠原嶋要覧』に載っている野豚

要覧には、「家豚」と「野豚」がいると書かれている。家豚は集落で飼われているブタで、野豚は野生化したブタのことらしい。そして、この野豚のルーツはペリー提督がもたらしたブタだと記されていた。私はこの要覧をみて、小笠原諸島の野豚にとても興味をもった。

しかし、いろんな人に尋ねても、

小笠原諸島には、食用として持ち込まれ野生化したヤギもいる

このような野豚に関する情報は得られなかった。だれもが、このような姿をした野豚はここにはいないと言う。私は現地で文献を調べ、さらに調査を重ねてみた。すると、ペリー提督が小笠原諸島に来る以前からここには野豚がいたことがわかった。

たとえば、一八三六年に来航したアメリカ軍艦の航海記の中に「野豚や山羊は多数生息しており、その多くは密林の中に野生化している。……この島には多数の犬がいたが、犬は野豚や山羊を狩猟するのに非常に役立つということであった。……これらの犬の一匹は体にいくつもの傷痕があったが、それは野豚と闘ったときに受けたものだという」とある。

先に述べたビーチ艦長率いるイギリス軍艦の航海記やペリー提督の遠征記も、実はこのような野豚探しで目にしたものである。ペリー提督の遠征記をみると、父島の奥地を踏査していたときに野豚を目撃したと書かれている。

このような記録類から、野豚はペリーの来航前からいたことがうかがえる。では、いつ頃からいたのだろうか？　それがどうやら、小笠原諸島の野豚のルーツ（あるいはそのひとつ）は、小笠原諸島のロビンソン・クルーソーが飼っていたブタにあるらしいのだ。前に紹介した「世話をする人がいなくなったので、飼われていたブタも野生状態になって繁殖しているというではないか……」というくだりを思い出してほしい。

このようにして新たな情報を手にいれることはできたものの、ロビンソン・クルーソーの時代に野生化したブタの現存情報は、その後もついに見つからなかった。

●弟島の野豚

「イノシシのような迫力ある野豚は、もういないのか…」と肩を落としていると、ある日、当地で民宿を営んでいる笹本好幸さんから「弟島に野豚がいる」という話を聞いた。ビックリした。笹本さんの先祖は八丈島から弟島に入植し、笹本さんも第二次世界大戦時の強制疎開前まで弟島に住んでいた。弟島は強制疎開で無人化し、今もそのままだ。

こんなところに野豚がいたのだ…

しかし、よく話を聞いてみると、この島の野豚は戦争で野生化したブタらしいということがわかった。ロビンソン・クルーソーの時代のものではないらしいが、私はこの話にもとても興味をもった。

戦争は小笠原にとって悲劇であった。戦況が不利になる中で近海にアメリカの潜水艦が来るようになり、一九四四年に島民の強制疎開が行なわれた。一九四五年には硫黄島の小笠原兵団が全滅し日本は敗戦をむかえた。そして、小笠原諸島はアメリカ海軍の統治下におかれることになった。

アメリカ海軍の統治下で、欧米系の人びとに限って父島への帰島が許された。一九四六年のことである。彼らは、海軍がマリアナ諸島のテニアン島やサイパン島から食用として搬入したブタを飼った。そして、食料確保のために、ブタの一部をさらに弟島に放った。強制疎開によって弟島は無人化していたし、ここは水やタコノキの実が豊富で、ブタが繁殖するのにちょうどよかった。

このときに放たれたブタが、今もいるというのである。笹本さんは、当時の事情に詳しい瀬堀エーブルさんと瀬堀信一さんを紹介してくれた。私はさっそく二人に会いに行った。彼らの話によれば、この島にいるブタの毛色は白、赤、白と赤、黒と白、白・赤・黒のまだらなどで、放ったときより小型化したが、牙が長くなっている。そして、顔面から肩のあたりが逞しくなり、動きも敏捷になっているという。

統治下で、弟島のブタは海軍や欧米系の人びととのハンティング対象となり、捕獲されたブタの肉は分配された。エーブルさんもブタ猟をしたが、あるとき猟に連れていったイヌが野生化したブタの牙にやられた。このとき、エーブルさんは出血多量のイヌをアメリカの軍医に診てもらったと言う。

私は、「是非、この野豚を見てみたい！」と思った。弟島は無人島なので定期船はない。船を

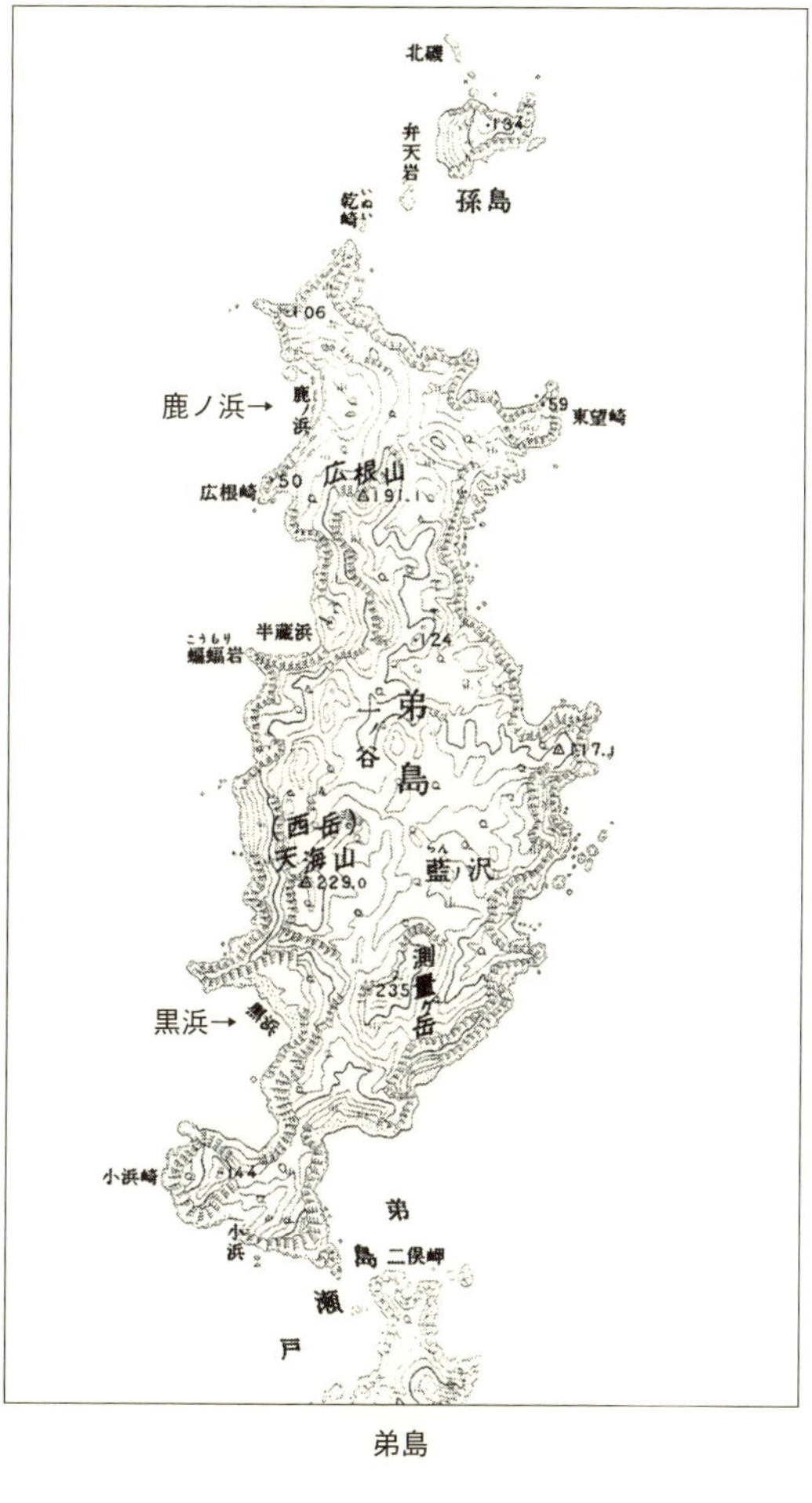

弟島

チャーターするしかない。話を聞いた二人に相談したところ、瀬堀信一さんが連れて行ってくれることになった。信一さんは、「自分は海で魚を捕っているから、その間に上陸して野豚を見てこい」と言う。信一さんは腕のよい漁師で、船外機付きの小型の船でいつも漁をしている。その船に便乗させてもらうことになったのだ。

私は嬉しかった。さっそく地図をながめて作戦をたてた。地形図を見ると、島の北部に小さな池がある。私は、きっとこの辺りに、水を飲んだり泥あびをするために野豚が来ているにちがいないと当たりをつけた。ここに行くには鹿ノ浜の海岸から上陸するのが得策だ。信一さんにそう告げると、ここは海が荒れると接岸ができないと言う。その場合は、南側の黒浜に接岸して上陸することになるのだが、ここだと目標地点にたどり着くまでかなり時間がかかる。

当日、幸いにも好天に恵まれ、私は鹿ノ浜から上陸することができた。上陸して一人になったとき、私はしみじみと思った。「無人島に上陸して野豚を探すなんて、自分は何て幸せなんだろう…」と。遠ざかる信一さんの船を背中に感じながら、私は、至福の感激を味わっていた。

他の人からみれば、私は変人に見えるかもしれない。いや、きっと変人なのだろう。しかし、どうやら私はそういう人間なのだ。そのときは明確に感じていなかったが、今から思えば、私は「無人島」「野豚」「戦争」「ロビンソン・クルーソー」「ペリー」の世界に完全にタイムスリップしていた。

鹿ノ浜に接近する。手前は船の舳先(へさき)

無人島は危険だ。崖から落ちても誰も助けてくれない。野豚の牙にやられて出血多量になってもだ。私は一人なのだ。もちろん、細心の注意は必要だし、その心構えもした。しかし、それよりも何よりも、私は無人島で一人で野豚を探すことに感激していたのだ。

上陸してから私は、注意深く周辺を観察しながら、お目当ての池の方向に向かった。少し進んだところに、野豚が使う獣道があった。足跡は新しいものばかりだ。私ははやる気持ちを押さえ、さらに前進していった。

そうすると池があった。大きめの池があり、さらにその向こうに小さめの池があった。ふたつの池はともに干しあがっていたので、水の多いときは繋がっているのだろう。

このあたりをよく見ると、ふたつの水たまりの間に野豚の「ヌタ場」があった。イノシシやシカなどが体についたダニなどを落としたり、体温を下げたりするために水浴びや泥浴びをする場所のことをヌタ場というのであるが、野豚も野生のイノシシやシカと同じことをしているのだ。野生化している証拠だ。

ヌタ場はガジュマルの根の周辺にあり、大小の足跡、付着した黒い毛がいたるところに見られ

野豚の足跡（上。蹄（ひずめ）の跡がついている）。まわりには野豚が掘った跡もあった（下）

た。ヌタ場のまわりには湿地性の植生のブッシュがあり、ここにふたつ穴があった。穴の中はよくわからないが、トンネル状の通り道が続いているようである。

これまでの状況から、このブッシュの中に野豚が潜んでいる確率は高そうだ。私は、意を決して、穴の中に踏み込んでみた。すると、ブフッ！ブフッ！という、威圧的な鳴き声が私に向かってきた。私は危険を感じ、いったん穴の外に出た。そして、野豚が飛び出してくるのを、カメラを構えて待った。しかし、野豚は出てこなかった。

このあたりは、水場、ヌタ場、潜伏地などがあり、野豚にとっては絶好の棲みかのようだ。付近には、モモタマナの実を食べた痕がいくつも見られた。私は何とかして野豚を見たいと思ったし、写真に撮りたいと思ったので、ブッシュのまわりを移動しながら野豚の気配をうかがっていた。

そして、近くの岩を登り、向こう側に降りたときである。グワックワッ！グワックワッ！という鳴き声が背後でした。ふり向くと、二頭の野豚が穴から出てきて、山手のほうへ駆けあがるのが見えた。一瞬のことであった。先頭の野豚は大きく、あとから続いたのは小さかった。たぶん野豚の親子だろう。母親の姿は一瞬のうちにブッシュに消えたが、子のほうは薄茶色で腹部は白っぽかった。

一瞬の出来事に、目をこらし耳をそばだてて二頭が消えたあたりを注目していると、またもや背後の穴から野豚が走り去った。先ほどの子とよく似た野豚だ。逃げ遅れたのだろう。私はとっさにカメラを向けたが、逃げ去る野豚のオシリのあたりに向かって一回シャッターを押すのが精一杯だった。

これが、一九九〇年に弟島で最初に野豚に出会ったときのようすである。帰ってから、さっそくフィルムを現像した。しかし、残念ながら野豚は写っていなかった。シャッターを押すよりも速く、野豚はブッシュの中に走り去っていたのだ。弟島の野豚の写真は、現地のいろんな人に聞いたが、だれももっていなかった。だから、ぜひ、私は自分の手で写真を撮りたかった。

二年後、リベンジを期して弟島に再びやってきた。狙ったポイントは、前と同じ場所だ。前回より池の水たまりが大きくなっていた。今回は野豚を刺激しないようにと、注意深く野豚のようすをうかがった。しばらくすると、白色に黒のぶちがはいった大きな野豚がブッシュから出てきた。アッ!と思い、その方向に野豚を追うと、野豚は比較的ゆっくりと走りながら、こちらをふり向き威嚇して走り去った。

カメラを!と思ったが、どうしても野豚に目がクギづけになってしまう。おまけに、まわりはブッシュや木立が多く、すぐにシャッターチャンスを失った。この野豚も一度シャッターを押したが、木立にさえぎられてうまく写らなかった。とは言え、確かにうまく写らなかったのではあるが、読者のみなさんにはぜひ、ここに載せた写真を見ていただきたい。写真の中央部に、頭部を右側に向けた大きな野豚が写っているのがおわかりになるだろうか。目が光っていて、その上に耳がある。写りは悪いが、私が初めて撮った野豚の写真だ。

さて、それからしばらく、大きな野豚が出てきたあたりをうかがっていると、ブッシュの中に二頭の子がいることがわかった。大きな野豚と同じ色をしている。親子なのだろう。こんどこそはと思い、カメラを向けた。と思いきや、ザッ！と二頭の子が逃げ出した。ここに載せたもう一

ブッシュから出てきた野豚

野豚の子

枚の写真は、そのときに必死に撮ったもので、一頭の野豚の子を、私は何とかゲットした。

二年前も今回も、ここには親子連れの野豚がいた。弟島の野豚は今なお繁殖をしているという証拠だ。リベンジした写真は、けっこう貴重なものとなった。

今回もまた三頭の野豚を目撃したが、このブッシュの中にはもう野豚はいないのだろうか？私は、ブッシュの中に大きな石を投げ込んでみた。あまりほめられたやり方ではないが、何回かやってみた。すると、突然、全身真黒の野豚が飛び出してきた。グフッ！グフッ！と怒ったような鳴き声を発し、勢いよく斜面を登っていった。これには驚いたが、この真黒な野豚は迫力があった。

ところで、このように野豚探しに夢中になっていた私ではあるが、ここの野豚が「戦争の落し子」であることを思うと胸が痛んだ。小笠原諸島が日本に返還されてから、弟島の野豚は忘れ去られた存在となってきた。無人島でロビンソン・クルーソーのような生活をしていても、人間なら助け船がくる。しかし、ロビンソン・クルーソーのような生活をしているブタには誰も救いの手を差しのべてくれない。

それどころか、小笠原諸島の自然保護気運が高まる今日、外来種のレッテルを貼られた野豚は駆除の対象となってしまった。ここにも人間によって翻弄された生きものがいることを、私たちは忘れてはならない。

参考文献

磯村貞吉（一八八八）『小笠原嶋要覧』便益舎。

伊藤秀三（一九九一）『新版ガラパゴス諸島「進化論」のふるさと』中公新書。

宇田川龍男・千石正一編（一九八五）『生物大図鑑　動物　哺乳類・爬虫類・両生類』世界文化社。

大熊良一（一九七三）「開国前の小笠原諸島覺見記」『政策月報』一二二、一二八―一三九。

川平永美述、安渓遊地・安渓貴子編（一九九〇）『崎山節のふるさと――西表島の歌と昔話』ひるぎ社。

神田錬蔵（一九六三）『アマゾン河』中公新書。

木村博一（一九七三）『下北山村史』下北山村。

自然環境研究センター（一九九四）『西表島エコツーリズム・ガイドブック』自然環境研究センター。

高橋春成（一九九五）『野生動物と野生化家畜』大明堂。

高橋春成編（二〇〇一）『イノシシと人間――共に生きる』古今書院。

高橋春成（二〇〇六）『人と生き物の地理』古今書院。

トール、ハイエルダール（一九七五）『コンチキ号漂流記』池田宣政訳、あかね書房。

斐太猪之介（一九七五）『山中奇談』みき書房。

ホークス、F・L編（一九四八）『ペルリ提督日本遠征記　二』土屋喬雄・玉城肇訳、岩波書店。

哺乳類分布調査科研グループ（一九七九）「カモシカ・シカ・ヒグマ・ツキノワグマ・ニホンザル・イノシシ

シの全国的生息分布ならびに被害分布」『生物科学』三一―二、九六―一一二。
山原猪研究会（一九九四）『ウーガチ　奥特集』山原猪研究会。
Baglin, D. and Mullins, B.（1969）*Aboriginals of Australia*, Shepp Books.
Beechey, F. W.（1831）*Narrative of a voyage to the Pacific and Beering's Strait*, London.
Dutton, G.（1986）*The book of Australian islands*, Macmillan Company of Australia.

あとがき

私は子供の頃から生きものが好きだった。なかでも、めずらしい生きもの、巨大な生きもの、未知の生きものといったものに憧れた。「探検家が秘境で数々のめずらしい生きものに遭遇する」といった、いわゆる探検モノには目がなかった。

私の子供の頃は、テレビゲームやコンビニもなく、友達と野外でよく遊んだ。その頃の遊びの中に「探検ごっこ」というものがあった。探検ごっこは、やっているうちに、家のまわり、集落のまわり、川原や堤防といったふうに、その範囲が外へ外へとひろがっていく。私が生まれ育ったのは滋賀県の野洲川下流部の農村地帯だったので、野洲川の川原や堤防が子供の探検心を満たしてくれるところだった。

ここにはクワガタムシやカブトムシがいた。川にはいろんな魚がいた。また、ウサギやキツネ、フクロウなどもいた。大きなヘビもいた。私たちはクワガタムシのことを「オニ」と言った。カブトムシのことは「カブト」と言った。クワガタムシでも大きなものは「オニクマ」と言い、ツノの形で「シタクマ」とか「ウエクマ」といった呼び名をつけていた。友達どうしの話は、すべてこのような呼び名でやったものだ。そして、巨大なカブトやオニ、いい形のツノをもったカブトやオニを探しては、みんなでワイワイ言うのが楽しみだった。

私はこの本の書き出しで、子供の頃にコンチキ号漂流記に憧れたことを述べたが、このような「探検ごっこ」が母体になっていると思う。それから数十年、私はいろんなところを旅してきた。それぞれに思い出がある。うまくいかなかったこと、うまくいったこと、それぞれに…。

しかし、共通しているのは、いつも夢中になってやったということ。これからも、そんな夢追い人でありたいと、思う。

最後になったが、ナカニシヤ出版社長の中西健夫氏と編集を担当していただいた吉田千恵さんに心から感謝の意を表したい。

高橋春成

二〇〇八年一月

■著者略歴

高橋春成（たかはし・しゅんじょう）

滋賀県守山市生まれ。広島大学文学部卒業，同大学院博士課程単位修得。博士（文学）。

広島大学文学部助手，富山大学教育学部講師・助教授をへて，奈良大学文学部教授。生物地理学，環境地理学専攻。

現在，農林水産省「農作物野生鳥獣被害対策アドバイザー」，滋賀県環境審議会自然環境部会長，大阪府イノシシ保護管理計画検討委員会座長，奈良県自然環境保全審議会鳥獣部会長職務代理，滋賀県外来種問題検討委員会委員などを務めている。

著書に，『荒野に生きる―オーストラリアの野生化した家畜たち―』（どうぶつ社，1994年），『野生動物と野生化家畜』（大明堂，1995年），『イノシシと人間―共に生きる―』（編著，古今書院，2001年），『滋賀の獣たち―人との共存を考える―』（編著，サンライズ出版，淡海文庫29，2003年）『亥歳生まれは，大吉運の人』（三五館，2004年），『人と生き物の地理』（古今書院，2006年），など。

【叢書・地球発見11】

生きもの秘境のたび

― 地球上いたるところにロマンあり ―

2008年4月25日　初版第1刷発行　（定価はカバーに表示しています）

著　者　高　橋　春　成

発行者　中　西　健　夫

発行所　株式会社　ナカニシヤ出版

〒606-8161　京都市左京区一乗寺木ノ本町15

TEL（075)723-0111

FAX（075)723-0095

http://www.nakanishiya.co.jp/

印刷／製本・太洋社

落丁・乱丁本はお取り替えいたします

Printed in Japan

ISBN978-4-7795-0011-4　C0325

叢書 地球発見

企画委員　千田 稔　山野正彦　金田章裕

1. 地球儀の社会史 ―愛しくも、物憂げな球体―　千田 稔　一九二頁　一七八五円
2. 東南アジアの魚とる人びと　田和正孝　二一二頁　一八九〇円
3. 『ニルス』に学ぶ地理教育 ―環境社会スウェーデンの原点―　村山朝子　一七六頁　一七八五円
4. 世界の屋根に登った人びと　酒井敏明　二一二頁　一八九〇円
5. インド・いちば・フィールドワーク ―カースト社会のウラオモテ―　溝口常俊　二〇〇頁　一八九〇円
6. デジタル地図を読む　矢野桂司　一五八頁　一九九五円
7. 近代ツーリズムと温泉　関戸明子　二〇八頁　一九九五円

8 東アジア都城紀行　高橋誠一　二三四頁　一八九〇円

9 子どもたちへの開発教育　——世界のリアルをどう教えるか——　西岡尚也　一六〇頁　一七八五円

10 世界を見せた明治の写真帳　三木理史　一九八頁　一九九五円

11 生きもの秘境のたび　——地球上いたるところにロマンあり——　高橋春成　一六八頁　一八〇〇円

12 日本海はどう出来たか　能田　成　二二四頁　一九〇〇円

13 韓国・伝統文化のたび　岩鼻通明

●以下続刊——

各巻　四六判並製・価格は税込みです。